JN267917

環境社会学
生活者の立場から考える

鳥越皓之 ──［著］

東京大学出版会

Environmental Sociology
Hiroyuki TORIGOE
University of Tokyo Press, 2004
ISBN 978-4-13-052022-5

はしがき

　環境社会学が社会学の分野で確立し，各大学で環境社会学の授業が行われはじめて十数年が経過した．この十数年のうちに，社会そのものの環境に対する期待が変化したし，環境社会学も時代の要請を受けて変化と進化をとげつつある．

　「環境」のとらえ方についての社会の大きな変化は2つあるように思う．ひとつは公害や環境破壊という「被害的環境問題」から，この環境をどのように魅力的な環境にしていくかという「創造的環境問題」への変化である．

　たとえば，琵琶湖でも霞ヶ浦でもよいが，ある汚れた湖があるとすると，汚染にともなう飲料水としての問題，生態系の破壊，漁業などの水産業の被害という問題から，この湖を地元住民や旅行者たちにとって，魅力的で価値あるものにどのように変えていくかという，環境の創造的計画とでもいうべき発想への転換がある．

　もっとも，「AからBへの転換」という表現をすると，Aの課題は消滅し，Bの課題だけになったという意味でとるのが普通であるが，この転換の場合，Aを内包しつつ，Bがその表面を覆ったという意味での転換である．つまり，生態系の破壊などのAという課題が終焉したという理解ではなくて，その問題をキチンと内包しつつ，湖の価値創造に向かいつつあるということである．それをさらに言い換えれば，汚れた水や破壊された生態系を少しでも修復しようという「修復」や「補修」という発想に視野を狭めず，修復のあり方やその理想とする到達点をもう一度洗い直し，その湖をどのような

魅力的な湖につくり変えていくかという，被害性よりも創造性の方に軸足をおいた変換である．

この変換をマイナスの側面からみれば，湖がきれいであった1950年代に戻すことは，人びとの近代的な生活の享受と，すでに埋め立てなどの巨大な公共事業が行われてしまったことによって，事実上不可能であるというあきらめからの妥協的な政策転換であるという見方もできる．他方プラスの側面からみれば，1970年代からの「被害的環境問題」への取り組みの成果が一定程度みられたことと，この手法のマンネリ化というか成果の足踏み状態があること，またすぐ後に述べるが，国民の環境への役割の変化ということがあるからであるという見方をすることもできる．

さて，もうひとつの社会の大きな変化とは，地域の環境に対しての政府（自治体）と国民との関係の急速な変化のことである．十数年前までは，表面的には市民参加の必要性がいわれていたり，たしかに役所の委員会に市民委員も存在したが，実質的には政府・自治体が環境に対する計画権，実施権をほとんど全面的にもっていた．極端な場合は，国民や地元の住民の声は"雑音"と位置づけられ，専門家とそれを実行する行政とのスクラムのもとに，環境の改変が行われた．もちろんよかれと思ってスクラムを組んできたのであろうが，環境改変という公共事業の決定にはいわゆる政治的な利害などが絡むことも多く，周知のように，振り返ってみると膨大な予算を消化した割には効果が少なかったり，逆の効果をもたらした事例が，ダム，道路，埋め立て，農地の土地改良，河川改修，土地開発など多様な分野で枚挙にいとまがないほどに指摘されることになった．その反省として，それを利用する人たちである国民や地元の人たちの実質的な参加が自覚されるようになった．その結果として近年，市民の参加を明記した法律や条例が矢継ぎばやに誕生した．

この変化を受けた新しい試みを「参画と協働」と表現することが多い．「参画」には単なる参加よりも強いニュアンスがあり，「協働」は市民同士の協働もあるが，行政と市民の協働への期待がある．これは比喩的にいえば，商品を買う消費者の意見を聞こうということと同じで，当然といえば当然の傾向なのであるが，20世紀の近代化を急ぐ過程では，そういうことが後まわしにされたやむを得なかった事情もあながち否定はできない．ともあれ，生活の質を問われる現在では，この国民や住民の「参画と協働」という課題が環境政策として前面に出てくることになった．

　他方，国際的な状況に目を転じても，20世紀型の近代化路線から，国民一人ひとりの生活の保障と充実へという新しい路線が少しずつ生まれつつある．それは「量的発展路線」から「質的発展路線」へと言い換えてもよいものかもしれない．このような路線の変更はたとえば，グアテマラの近代化に"遅れた"コーヒー栽培農家の生産品が"有機農業"のコーヒー豆として，大規模で近代的なプランテーションによって生産されたコーヒー豆と商品として拮抗できるという興味深いパラドックスを生じさせたりしている．

　近代化は国家主導にならざるを得なかったところがあったが，国内外のこのような傾向を見てみると，国民というか，地域住民が主要な役割をはたすことが順次多くなっていることがわかる．環境社会学はこのような最近の傾向を踏まえつつ，政策的に有効な論理を形成することを期待されている．

　ところで，国民とか地域住民というと，それは私たち自身をさすことになる．自分自身の行動ということになると，いくつかのむずかしい問題が内包されていることに気づくであろう．

　その個別の事象は本書の各章で検討することになろうが，あえて社会学という側面から分析する必然性についてはここで述べておい

た方がよいだろう．たとえば，自分たちの街には空き缶のポイ捨てが多いので，見苦しいから「これをきれいにしたいな」と思ったとしよう．このようにポイ捨てひとつをとりあげてみてもあきらかなことだが，普通は一人が努力しても，こんな小さな環境問題でもなかなか解決できない．実際，自分一人が努力してもなんの効果もないという実感をもたれた方も多いだろう．それはそのとおりである．社会が動かなければ環境問題は解決しないからだ．

では社会に任せればよいということになるが，じつは社会を構成しているのは一人ひとりの人間である．国家や政府ではない．したがって，一人ひとりの人間から出発して，そこに止まることなく，社会のカラクリを分析する必要が生じる．社会学は人間が複数集まったときに構成される「社会」というものの分析を得意としてきた学問である．その社会学の目から環境を見たらどのように切り取ることができるのかを本書で共に考えることになる．

環境社会学は環境問題が生じている現場や，自分たちの暮らしを少しでも充実したものにしたいという人びとの当然の要求の現場を，歩きながら考えて理論構成をしてきた研究史をもつ．読者が環境社会学にある種のおもしろさを見つけてくれたとするならば，それはおそらく，現場で考えたおもしろさであると思う．

本書は教科書として基本的な考え方を提示し，それを刺激として他の考え方や他の事例は自分たちで探る，という開かれた使い方をイメージしている．そのため，ふつうの教科書より少しだけ執筆者が出しゃばって自分の意見を言っているところが少なくない．したがって，とりかたによっては「教科書」というよりも「新書」のイメージに近いかも知れない．気軽に本書の主張の反論を先生と学生とで考えてもらうのもおもしろいだろう．

本書では，できるだけ読者の身近な事柄をとりあげ，抽象的理論

が前面に出すぎて，難しくてたいくつだという印象を与えないように気配りをした．その一環として，すぐに方法論に入らないで，最初に自然と人間の関係の分析をして，その後，5章ではじめてモデルや分析という用語を主要なテーマにするという構成になっている．もっとも各章で，さりげなく分析への糸口を提示しているつもりである．つまりこの教科書は独学も可能なような配慮をしているが，それは孤独な作業を強いられる放送大学学生のための教科書として始まったからである．また本書では，各章末になるべく多くの「参考文献」を掲げ，その執筆者名を「人名索引」からも捜せるようにしたのも，独学者への配慮のためである．

　すなわち，本書はもともと筆者が1999年から担当した放送大学の「環境社会学」の授業のテキストとして執筆されたものである（『環境社会学』放送大学教育振興会）．そして，テレビ放映期間の4年が終わった時点で，時代の要請とこの分野の研究の進歩と変化を踏まえて，その改訂版として改めて企画されたものである．旧版をこのような改訂版にして出版することを快諾された放送大学関係者に謝意を表しておきたい．

2004年8月

鳥 越 皓 之

目次

はしがき………………………………………………………………… i

1 ─ 環境社会学とは ……………………………………………… 1

　　1─社会学的方法（1）　2─文化と社会の違いと環境政策（7）
　　3─国際的な環境社会学の動向（12）

2 ─ 環境問題とエコシステム ……………………………………… 19

　　1─自然と人間とのつきあい（19）　2─エコシステム（22）
　　3─人びとの暮らしと自然（26）

3 ─ 森・川・海──コモンズ ……………………………………… 35

　　1─コモンズと人びとの暮らし（35）
　　2─コモンズと自然保護（39）

4 ─ 農業と自然 …………………………………………………… 47

　　1─農業と人間（47）　2─近代化された農業（48）
　　3─有機農業の展望（53）

5 ─ モデルを使って分析する …………………………………… 61

　　1─環境社会学のモデル（61）
　　2─生活環境主義の基本的考え方（67）

6 ─ 住民は自分自身で環境を決められるのか
　　　──生活環境主義モデルの適用 ……………………………… 77

　　1─住民の主体性（77）　2─主体性の確立（81）
　　3─住民が生活する権利（85）

7―社会的ジレンマとしての環境問題 …………………… 93

1―社会的ジレンマ論のアイデア（93）
2―3つの環境問題と社会的ジレンマ（94）
3―社会的ジレンマの解決策（100）

8―ゴミとリサイクル ……………………………………107

1―ゴミの増加とリサイクルへの依存（107）
2―リサイクルの考え方と組織（111）
3―あたらしいライフスタイルの模索（115）

9―開発計画と加害者・被害者 …………………………121

1―大規模開発のはじまり（121）　2―受益圏・受苦圏（123）
3―加害と被害の構造（126）

10―公共事業と地元の利害 ………………………………135

1―公共事業の意味と問題点（135）　2―公共事業の利害（139）
3―水・エネルギー不足と住民（142）

11―歴史的環境保全の運動…………………………………151

1―歴史的環境保全運動の成立（151）
2―歴史的環境保全運動の目的（153）
3―歴史的環境保全の課題（157）

12―景観の形成 ……………………………………………163

1―心安らぐ景観（163）　2―人がつくる景観（166）
3―景観論と景観政策（170）

13―環境ボランティアとNPO／NGO …………………177

1―環境ボランティア・NPOの登場（177）
2―オルタナティブな社会と環境ボランティア・NPO（181）
3―環境NPOの可能性（186）

14——内発的発展論と地域計画……………………………………191

1——内発的発展論（191）

2——内発的発展論の展開とコミュニティ・ビジネス（194）

3——コミュニティ住民が事業をする意義（199）

15——政策と実践 ……………………………………………………203

1——社会学的な政策論（203）

2——実践の意味（207）

事項索引 ……………………………………………………………219

人名索引 ……………………………………………………………225

1 環境社会学とは

1 ── **社会学的方法**

●────みんなの願いと社会学

　誰しも，自分たちが住む環境をよくしたいと思っている．そしてできることならば，私たちの未来の人たちにも，よい環境を手渡したいと願っている．それは未来の人に対する礼節であろう．

　しかしながら，私たちは環境を悪化させつづけている．それには明確な原因が存在する．それは，"自分たち"に"利得"をもたらしたいからである．「自分たち」も「利得を求めること」も悪いことではない．けれども，「自分たち」が「自分たちの家族」や「自分たちの会社」（例：水俣のチッソ㈱）というように，メンバーの範囲が狭められていること，「利得」が「すぐに手に入れることができる利益」というような短い狭められた期間の利得に限定されていることが問題なのである[1]．

　このような原因については，誰しもうすうすと気づいている．しかしながら，このように狭めることの魅力に人間は抗しがたいところがある．この抗しがたさを，社会的価値観，社会規範（教育を含む），社会制度，社会運動などのいわゆる社会レベルの事柄を通じて人びとは是正しようと努める．この社会レベルの事柄を分析するのが環境社会学の目的である．

　環境を課題とするとき，とくに注目しなければならないのは，環

境を悪化させているのは，私たち人間であって，他の地球上の動植物には責任がほとんどないという事実である．公害とよばれた，工場などによる環境汚染も人間によるものだし，森林や河川などの自然環境の破壊もほとんど人間によるものなのである．したがって，人間を対象とする学問の活躍が期待されることになる．

　社会学は社会的存在としての人間を対象にする学問である．「社会的存在としての」という言い方は，私的ではないということである．A子さんがB君と熱烈な恋愛関係にあるという私的なことは社会学の直接的な関心事ではない．しかし見合い結婚よりも恋愛結婚の割合が社会全体として増える傾向があるとしたら，その社会現象は社会学の対象になる．また，E. デュルケームという19世紀の末に活躍したフランスの社会学者は，『自殺論』という有名な本を著した．そこで次のようなことを指摘している．かれは都市の居住者や1人だけで住んでいる人たちに自殺者が多いことに注目し，自殺率はその人が所属している集団の凝集力に反比例して増減すると指摘した．平たくいうと，ある人がすごく親しみを感じる集団に所属していると自殺する可能性が低いということだ．これなども，Aさんという個人を自殺に追い込んだ個別の問題（仕事に対する自信の喪失，失恋など）を対象にしているのではなくて，その人の社会的所属という社会の中での人間を扱っていて，社会学的な考え方の典型である．いうまでもなく，環境問題は社会現象の一種である．なぜならそれは人間が活動する舞台としての社会で展開されているからであって，私的事柄として起こっていることではないからである．

　そういうわけで，社会という舞台で人間が自分たちの環境を悪化させつづけているとしたならば，その舞台の仕組みをあきらかにすることが環境問題を解決するひとつの有力な方法であることに気づ

かれよう．環境社会学はこのような考え方から成立したものだし，また環境問題解決に貢献するように期待されてもいるわけである．

くりかえすと，環境問題は人間が起こしていることだということ．となれば，人間を直接に対象とする学問がそれにかかわる必要があるということだ．しかも，環境問題は私的な現象として閉じられたものではないので，社会的存在としての人間（社会のなかで活動している人間）を対象とする学問が有効である．環境社会学の役割はここにあるといえよう．

●————環境社会学と施策

社会的存在としての人間といったけれども，現実には私的世界と社会的世界は，ひとつながりのものである．したがって，実際は社会的なものを分析の対象とするわけであっても，私たちの視野としては私的な世界にも及ぶ．ここのところは具体的に考えた方が分かりやすいだろう．

ゴミを例としてとりあげてみよう．誰でも自分が住んでいる部屋をゴミで散らかさないように気をつけている．部屋にゴミ箱を置いている人も多いだろう．マンガの1コマで流行作家が書き潰しの原稿をクシャクシャと丸めて部屋中にポイポイと投げる図があるが，あんなことは例外で，誰でも自分の部屋をゴミでいっぱいにしない．さらに，自分たちの家（屋敷地）までは掃除をするのが普通である．

ところが，自分の家から一歩外に出るとどうなるのであろうか．そこに雑草が生えていても，なかなかそれを抜く気にはならないし，空き缶が転がっていても，それを拾ってゴミ箱に捨てる人はあまりいない．それでも近隣でまとまって定期的に道路などを掃除をしている地区は，私たちの国では意外と多いものなのである．また，自治会などが近隣の清掃に注意を払っていたりする．とくに農村では

自治会単位で道の簡単な整備や溝掃除,川掃除をするのが普通である.

近隣の外側には小学校区とか中学校区の広がりがある.それをいま便宜的にコミュニティと呼んでおくと,人びとは近隣ほどにはゴミに対する関心がなくなってくる.それでもコミュニティ全体で大掃除の日を決めたり,このコミュニティ全体からゴミをなくす運動をしているところを見受けたりする.また,学校の音頭取りで,小学生や中学生たちが,校区内の一斉の清掃活動をしている姿もまれにみられる.

ところが,市や町の広がりになると,行政が清掃の鼓舞をしたりしても,住民が立ち上がることはきわめて少なくなる.自分たちの市や町のなかにゴミ処理場をつくらないようにするとか,隣の町が町境にゴミ処理場をつくったのでけしからんというような突発的な運動が見られるだけになってくるのである.これが市を越えたさらに広いひろがりになってくると,"見ず知らず"の人たちのことなので,私たちの関心はたいへん弱くなる.そういう見ず知らずの地

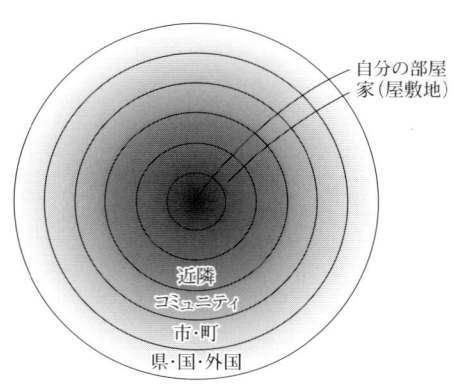

図1-1 ゴミの関心領域

域に大型ゴミを捨てに行く不心得者が後を絶たないし,産業廃棄物の問題も,自分たちから遠い地域だからこそ,見過ごされているのかもしれない.さらにその外側の県や国レベルになると関心をもたれるのは例外的だといってよい.

図1-1に見るように,「自分の部屋」からはじまり,一番外の市町村を越えて外国までも含む見ず知らずの人たちが住んでいるところ,というふうに円で囲んでみよう.そうすると,外周に行くほど私たちのゴミに関する関心が弱くなるし,自分にとってはどうでもよいことになってくる.

この図から次のふたつのことをまとめることができよう.ひとつは先ほど指摘した私的世界と社会的世界は程度差としてつながっているから,両者を視野に入れた方が全体を理解しやすいということ.この図の場合,内側からふたつめの家(屋敷地)あたりまでを私的世界と考えたらよいであろう.ところでゴミ問題でいえば,問題は社会的世界,すなわち近隣から外側で深刻な問題が起こっているのであって,そこが環境社会学の分析の対象となるのはいうまでもない.

ふたつめは,このような図をつくること自体がすでに環境社会学的研究の入り口に入っているということである.すなわち,自分から遠くなるほど人びとの関心が薄くなるということが分かるから,これをヒントにして,人間(自分)と対象との距離(物理的距離と心理的距離の2面がある)が環境問題解決のひとつの糸口なのだな,というような仮説(想定)を立てることができる.そしてそれが調べてみて事実ならば,この仮説は環境にかかわる施策を考える糸口となる.

たとえば,自分が住んでいる地域に小川があったとして,そこが汚れて,悪臭がひどくなってきたとしよう.よくあるケースは,住

民が「なんとかしてくれ」と市役所に苦情を言いに行く．市役所は「ではその小川にフタをしましょう（暗渠化する）．そうすると道幅が広くなるし，悪臭は感じにくくなるし，そのうえ，皆さん方が定期的に掃除をする必要がないのでよいですよ」と勧めたとしよう．これはボンヤリ考えるとよい案で，その提案を受け入れた地域が実に多い．けれども，実際にその後で調べてみると，その小川を流れている水が住民から見えなくなったので，つまり，小川と住民との意識上の距離が遠くなったので，住民は小川に関心を示さなくなり，その結果，小川をもっと汚すようになる．それはどの家庭や工場が

Column

道路の里親

人間と対象との物理的あるいは心理的距離があると，人間はその対象に関心を弱め，逆に，距離を縮めると関心が強くなるとしたら，物理的あるいは心理的距離を縮める工夫が有効な環境政策となるはずである．写真は，行政による「里親制度」による掃除の例である．ここでは，道路や公園を誰か（個人であったり団体であったりする）の里子にする．ある公園を「誰か里親になってもらえませんか」と公募をするのである．たとえば，それに応じて自分の里子になった長さ500メートルほどの道路は，その人にとっては，もうたんに近所の道路ではなくて，その道路は自分の子どものようなものだから，一生懸命に，手をかけて掃除をする．里親になった人に聞いてみると，けっこうやりがいがあるという．里親制度を採用したそこの市長さんは「うちの市は，ゴミは全くなくなった」と自慢しておられた．これなどが心理的距離を縮めた環境政策の例である．なかなかいいアイデアだと思われる．

道路の里親（香川県善通寺市）．

汚水をそこに流しているのかが,監視する立場の住民にも分からなくなるのがその主な理由である.小川は一層のドブと化し,どこからか悪臭がにおってくるし,ひいては,小川が流れ込むもっと大きな川がさらに汚れることになるのである.このような施策の失敗は,対象と人間との距離の問題をキチンと理解していなかったことによるのだ.

以上のように,社会で展開されるさまざまな環境にかかわる事実の分析をするのが環境社会学の目的である.

2 ── 文化と社会の違いと環境政策

● ── 人間は考えそれを受け継ぐ

ところでむずかしい問題のひとつは「人間は考える」ということである.生物の分野でいえば,カエルにある刺激を与えると定まった反応をすることが容易に観察できる.しかし,人間の反応はカエルと比較できないほどに多様である.それは人間は考えるからで,その結果,さまざまな答えを出してしまうからである.

前節で「社会という舞台の仕組み」(社会関係,社会構造)をあきらかにするのが社会学の目的であるといった.その舞台で演じている俳優は人間である.この人間は本能だけで行動しているのではなくて,いろんなことを考えながら行動している.たとえば,「リサイクルはよいことだから参加しよう」,「ファッションに興味があるから古着のリサイクルならする気がするが,包装のトレーではダサいからいやだ」とか,「仲間と一緒ならするけど」とか,「リサイクルはしたい人がすればよいのではないか」とか,「あんな無駄なことをする人の気が知れない」など,さまざまな意見があり,それによって人びとの行動は異なるのである.それは「価値観が異な

る」からだといえるだろう.

ただ人間の価値観は単に多様なだけではなくて，時間の経過で見ると，特定の時期とか特定の地域や国で共通してくるものが生まれてくる側面をもつ．つまり個人の価値観には共通なところとその人固有なところがあるのである．その共通的な価値観は空間的に伝播され（コミュニケーション），時間的に受け継がれる（トラディション）ことが多い．その結果，ある地域や世代を取りあげてみると，そこには比較的安定した共通の考え，行動様式，またそれに基づいてつくられた物質（建物など）ができることになる．それらを総称して「文化」と呼べばよいだろう．ある地域をとりあげるときに，通常はそこに共通の文化があり，その地域の人たちはその文化を自分たちの行動に反映させているわけだから，社会学は当然，文化を視野に入れる必要がある.

文化や価値観がとくに大きな課題になるのは，「歴史的環境保全」や「環境づくり」のときである．歴史的環境保全とは，自分たちの過去の遺産である建物や町並みなどを保全することである．その保全にあたって，なにを大切にして残し，なにを生活上便利なように近代化するかということを関係者で決めなければならない.

たとえば，ある町で，江戸時代の宿場町の建物が50軒ほど残っているので，この歴史的環境を保全したいと思ったとする．町の予算は無限にあるわけではなく限られていて，その建物に住んでいる人たちは生活に便利なように改築をしたいと考えているのが普通である．そのような状況下でよく起こる考え方（施策）の対立は次のようなものである．ひとつは，町の文化財としてもっとも古く保存のよい建築物に限ってキチンと予算と手をかけて保存しよう．他の建物の改築は住んでいる人たちの生活上の便宜を考えて，改築して近代化するのはやむを得ないという考えである．もうひとつの考え方

は，宿場町全体を薄く広く保全し，その地域が伝統的にもってきたその雰囲気を大切にしよう．したがって，建物だけではなく，道や橋にも配慮し，「雰囲気を壊さない限り」という制限を全ての建築物にあてはめたうえで，全ての建物に改築を認めることにしよう，という考え方である．前者は文化財を大切にする考え方，後者はその場所の景観的雰囲気を大切にする考え方である．

次に「環境づくり」の悩ましい例をひとつ挙げよう．ある農村に用水池があり，そこは地元の桜の名所で白鳥が飛来する．ところが，あるお年寄りが池で溺れて亡くなったことがあり，それは池の堤が崩れて足を滑らせたのかも知れない，ということでコンクリートブロックで堤を作り直した．そして堤にそって，ベンチが置けるほどの小さな公園をつくることができた．けれども，堤のコンクリート化で，桜の大木をほとんど切り，またコンクリートの堤だからであろう，白鳥も来なくなった．さて，こうした環境づくりがよかったのであろうか．これは人によって答えが異なろう．

文化や価値観は一般的にはどれかひとつが絶対的に正しいということはない．そして関係する人びとの意見というものは異なるのが普通である．そのことを理解したうえで，では私たちの地域をどうしたいかということを，関係者で時間をかけて話し合うことになる．

●————どの社会組織が有効か

環境問題は地域空間を舞台として生起する．この地域空間は，酸性雨や砂漠化・温暖化のように国を超えた大きな空間の場合もあるし，小さな村の沼の横にある湿地帯の場合もある．どの場合でも環境問題を解決する主体は人間であり，人間はその地域空間で各種の社会組織を形成しているし，また既存の社会組織では十分に対応できない課題が生まれれば，それに応じた組織を形成する．

環境問題を念頭においた場合，この課題の解決に対応する組織は，国や地方自治体といった公的機関とNPO（NGO）や自治会といった住民の組織のふたつに大別できる．また，ごく大まかにいえば，いわゆる産業化された国（先進国）では，これらの全てが整っているが，他方，途上国といわれる国々は，その整備具合は多様である．

国の統率が弱い国や，逆に，国家権力が強すぎて，地方自治体にあたるローカル・ガバメントが弱いか実質上存在しない国があったりする．住民の組織が皆無という国は想定できないが，グアテマラのようにスペイン支配時の強制移動と民族的支配によって元々の地元民であるマヤの人たちが活動に有効な地域組織（コミュニティ）を形成できていないというジレンマを抱えた国がある．また，フィリピンのように伝統的にバランガイと呼ばれる強固な地域組織をもっている国がある一方で，中国のように住民ではなく国が政策として社区（コミュニティ）を形成しようとしている国もある．また貧困で苦しんでいるエチオピアなどが典型であるが，途上国では主要なNGOは海外の外国人によるNGOだけであるという国も少なくない．

英語のコミュニティ（community）という用語は必ずしも地域性と関わりなく，自律的に組織化されていれば，コミュニティと呼ぶことが少なくない．たとえば「われわれ外科医のコミュニティは」というように，たいへん広い意味で使用されている．他方，私たちの日本では特定の地域的広がりをもった自律的組織をコミュニティと呼ぶことが多い．現在では，小学校区あたりの広さをコミュニティと呼んでいる市町村がよく見られる．このコミュニティは行政の支援のもとで，まちづくりや地区のゴミ問題のルールづくりなど地域の生活改善や計画と関係する事柄を受け持つのを得意とする．このコミュニティの下に伝統的な町内や集落（区）を基盤とした自

中国のコミュニティ（社区）
地域の住民は国家の要請に応えて，コミュニティの充実に努めている．写真上は，壁に書かれたコミュニティのスローガン．影が差し込んで読みにくいが，1行目の右側は「緑化，美化，浄化　首都環境」と書かれている．下はコミュニティの安全を見守る役を示す腕章をつけているおばさん（中国・北京市）．

治会が存在する．この自治会は日本固有ともいえる強固な組織体で，しばしば「自治会がウンと言わなければ，この問題は解決しない」などと表現されるほど，それぞれの地区内部で起こった課題に対して強力な発言権をもっている．

　他方，ボランタリー組織とか，NPO，NGOがわが国では，順次活発化してきて，注目に値する活動をつづけている．国際的にはNGOという表現が使われ，わが国ではNPOという表現が一般的であるが両者に大きな違いはない[2]．NPOは国内では，環境と福祉の

分野がほとんどで,国際的にはそれに災害の援助が目立つ.コミュニティに比べて,NPOの活動は明確な活動目標があり,原則的にはその活動目標が成就できれば解散をするか,他の目標を新たに見つける.その活動が必要だと痛感した人びとが集まって組織をつくるので,地域の中から自然に生まれるのではなく,人為性が極めて高い.社会学の学説史の分野で,R. マッキーヴァー (R. MacIver) のコミュニティとアソシエーションという対概念が登場するが,NPOはこのアソシエーションの特徴を端的に備えている.

以上見てきたように,国家や地方自治体のような行政機構,コミュニティ(および自治会)やNPOのような住民組織が相互にそれぞれの特色を生かしながら,地域の環境の課題の解決に寄与している.現時点では,行政が一歩退いて,「住民の活動の支援」という表現をし,住民側の課題への積極的な参加がうたわれることも少なくない.

しかし,現実には相互の組織体が共に認め合って協力し合うという理想的な協力関係が常にうまくいくとは限らない.環境観が異なったり,利害関係が表に出てきたりするからである.そのような点については,後の章で取りあげることになろう.

3・**国際的な環境社会学の動向**

環境社会学は国際的な視野でみると,理論的には,日本とアメリカ合衆国がそれぞれに固有のモデルなどを提出しており,めざましい活動がみられる.ただ,両国ともに突然,環境社会学 (environmental sociology) が生まれたのではなく,環境問題の社会学 (sociology of environmental issues) をその出発点にしている.

環境問題の社会学という意味は,社会学のさまざまな手法で社会問題のひとつとしての環境問題を分析するということである.それ

が発展して「環境社会学」と名乗ろうとするには,そこに環境社会学固有の分析対象の確定,固有の分析方法やモデル(パラダイム)の誕生が期待される.厳密な時期を提示するのはむずかしいが,アメリカや日本で環境社会学という用語を,社会学会内部で認知されるほどに一般的に使いはじめるのは1980年代に入ってからである.

もっともそれより早く1978年に,アメリカの社会学者,キャットンとダンラップ(Catton & Dunlap)が「あらたな環境パラダイム」(New Environmental Paradigm)の社会学としての環境社会学を提唱した.その論文は現在でもしばしば引用されるほど注目を集めたものである.その考え方は,従来の社会学というものは,人間を中心にして社会分析をしてきたのであって,自分たちを他の生物に比べて特別な存在としてきた(Human Exemptionalism Paradigm:HEP).そうではなくて,人間も地球生態系のなかのひとつの生物種であることを自覚し,分析において自然・エコロジー要因をも加味すべきである(New Ecological Paradigm:NEP)という主張である[3].

人間を特権的な位置におかずに,ひとつの生物種とみなすこの立場は,社会学外に視野を広げると,それは一般的にはディープ・エコロジーという考え方にあたる.わが国でも,1990年代の中頃に,絶滅の危機にあるアマミノクロウサギなどを原告にした動物の生存権訴訟が注目された.クロウサギは人間ではないので,自分で訴訟できないから代わって人間が訴訟をしたのだが,これなどはディープ・エコロジー運動の典型のひとつである[4].

1980年代以降の環境社会学の潮流としては,草の根環境運動に端を発した環境的公正(環境正義)(Environmental Justice)の課題が環境社会学者に関心をもたれるようになってきた.それは自然環境保護運動のような理念的な運動というよりも,地域住民たちによ

る地域の汚染被害を食い止めようとする運動であり，比較的規模が小さい住民運動である．その論理の背景には，ブルーカラー層やマイノリティなど社会的弱者が環境負荷の多い地域などに居住せざるを得ず，不平等な状態におかれている事実を根拠としている．振り返ってみれば，当時は環境的公正という用語は用いられなかったが，水俣病に対しての社会学者の研究の論理の底にこの環境的公正論が認められる．

環境から見て，公正でない状況におかれているコミュニティの研究は，アメリカ，日本だけでなく，中国や，韓国，台湾をはじめとして，世界の途上国の研究においても，現在の環境社会学者が用いる基本的視座になっている場合が少なくない．社会的不平等化における不公正を示したり，それに対する運動の研究や，環境的不公正をバネとしての新しい環境づくりの姿を記述するという実証的研究が多く見られる．

さらに，環境破壊の元凶としての政治体制や近代産業社会システムそのものを批判するラディカル環境社会学が，1990年代に入って注目されるようになってきた．

各国の環境社会学会のうち，独自の定期的な学会誌をもったのは日本が最初である（『環境社会学研究』1995年創刊）．最初であることにはさほどの意味はないが，ただ日本での環境社会学の関心の高さが想定されよう．他方，ヨーロッパ諸国の環境社会学的研究も注目すべきレベルにある．しかし言語の障壁もあり，それらの国からの日本の環境社会学への影響力は小さい．日本の周辺で見れば，中国，台湾，韓国のそれぞれで環境社会学者の貢献が見られるし，日本との深い交流もある．だが，現在のところこれらの国の研究者の数が限られていることもあって，独自の理論的発展は将来を待たねばならない．

また，どこの国の環境社会学者もその成立の経緯から，環境問題を意中においてはいるものの，とりわけ途上国においては，環境破壊や環境的公正の研究は，国や特定の大企業の立場を悪くするものと解され，研究に対して不当な弾劾を受けがちである事実は現在でも否定できない.

1）「自分たち」相互の競争ということをこの市場経済社会では，原理として肯定しており，他者へのまなざし，とりわけ弱者へのまなざしについて，現状分析に有効な社会科学理論は存在していないのではないだろうか．この章の3節でとりあげる環境的公正論（environmental Justice）が，環境の分野からこの課題に答えようとしている．もうひとつの期間の狭さについての課題は，サステナビリティ（sustainability）ということが注目され，その具体的な表れのひとつとして持続的開発論（sustainable development）がよく知られている．
2）　NPO＝Non-Profit Organization（非営利組織）とNGO＝Non-Governmental Organization（非政府組織）とは表現が異なるだけで，実質的な違いはない．なぜ，日本が政府としてNGOの方を嫌ったかについては堂本暁子（2000）に詳しい．また本書の13章でも触れている．
3）　日本で最初の環境社会学の書物は赤神良譲『環境社会学』（1948年）である．そのことをもって，日本において飛び抜けて最初に環境社会学が誕生したとみなすのは正しくない．この赤神の研究では，「およそ地を離れて人なく，人を離れて政なし」（われわれの文脈では，地を自然，政を社会とみなしてよいだろう）という吉田松陰の言葉を引いていることからも想定されるごとく，自然的環境，社会的・文化的環境の総体を環境社会学の対象とみなしていて，いわゆる「自然・エコロジー要因」が加味されている．だが，これは当時の社会全体を思弁的に考えるデュルケーム的な総合社会学に似た考え方であり，環境問題から発した現在の環境社会学との直接的な繋がりはない．
4）　アマミノクロウサギの訴訟について次のような感想文がある．「その日の朝，いつものようにコーヒーを飲みながら新聞を眺めていた．かわりばえのしない日本の政治，ちっとも良くならない経済，その他もろもろの記事が続いていたとき，ふと目にとまった記事に吸い寄せられてしまいました．それは絶滅の危機に

ある動物を原告にした裁判の記事でした．動物の生存権について動物が原告となって訴えた．おとぎ話に出てくる物語ではありません．却下されはしたが，実際に裁判が行われたのです．生態系の中で人間と自然がどのようにして共に生きていくことができるか，自分なりに模索はしてきたつもりです．しかし，この訴訟のように人間と自然の関係をそこまで対等なものと考えたことはありませんでした．自然の権利を認めるという私にとって新しい世界観，衝撃の世界です」．http://www.janis.or.jp/users/ito-imo/ecology/lecture/natureright/rights.html

【引用文献】

満田久義，2001，「環境社会学の国際的動向」飯島伸子・鳥越皓之・長谷川公一・舩橋晴俊編『講座環境社会学1 環境社会学の視点』有斐閣．

堂本暁子，2000，「NPO法の立法過程」鳥越皓之編『環境ボランティア・NPOの社会学』新曜社．

赤神良譲，1948，『環境社会学』竹井出版．

【参考文献―勉学を深めるために】

海野道郎，2001，「現代社会学と環境社会学を繋ぐもの――相互交流の現状と可能性」飯島ほか編『講座環境社会学1』有斐閣（日本の環境社会学を理論的視野から把握するには最適）．

舩橋晴俊・飯島伸子編，1998，『講座社会学12 環境』東京大学出版会（環境社会学の研究の各分野について堅実な深さで分析されている）．

鈴木広，1995，「方法としての環境社会学」『社会学評論』45-4，日本社会学会．

鳥越皓之・嘉田由紀子編，1991，『水と人の環境史』（増補版）御茶の水書房．

飯島伸子，2000，『環境問題の社会史』有斐閣．

若林敬子，2000，『東京湾の環境問題史』有斐閣．

谷口吉光，1998，「アメリカ環境社会学とパラダイム論争」『環境社会学研究』4号，新曜社（ダンラップなどのアメリカのHEP/NEP論争については，この論文と次の論文が，またアメリカの環境的公正についてはその次の論文が状況を理解するのに便利であろう）．

藤村美穂，1996，「社会学とエコロジー―― R. E. ダンラップの理論の検討」『環境社会学研究』2号，新曜社．

原口弥生，1999，「環境正義運動における住民参加政策の可能性と

限界——米国ルイジアナ州における反公害運動の事例」『環境社会学研究』5号, 新曜社.
A. シュネイバーク, K. A. グールド (満田久義ほか訳), 1999, 『環境と社会』ミネルヴァ書房 (アメリカのラディカル環境社会学を理解するには最適の本である).
寺田良一, 2000, 「たたかう環境NPO」鳥越編『環境ボランティア・NPO の社会学』新曜社 (本文で触れたようなアメリカの環境運動を概観的に理解するにはこの論文と次の論文がよい).
高田昭彦, 1996, 「アメリカ環境運動の経験」井上俊ほか編『岩波講座現代社会学25 環境と生態系の社会学』岩波書店.
鬼頭秀一, 1999, 「アマミノクロウサギの『権利』という逆説」鬼頭秀一編『環境の豊かさをもとめて』昭和堂 (本文で触れたアマミノクロウサギについて分析し, 守られるべき自然とはなにかについて述べている).
戸田清, 2001, 「発展途上国における環境問題研究」飯島ほか編『講座環境社会学1』有斐閣.
宮内泰介, 1998, 「途上国と環境問題——ソロモン諸島の事例から」舩橋・飯島編『講座社会学12』東京大学出版会.
金沢謙太郎, 1999, 「第三世界のポリティカル・エコロジー論と社会学的視点」『環境社会学研究』5号, 新曜社.
飯島伸子編, 2001, 『講座環境社会学5 アジアと世界』有斐閣.
池田寛二・菅豊・三浦耕吉郎・細川弘明・松田素二・松井健, 2005, 「環境をめぐる正当性／正統性の論理」『環境社会学研究』11号, 有斐閣 (本文の13-15頁でとりあげている環境的公正／正義の問題が, この雑誌で特集としてとりあげられた. 上記6人の個別の論文が収録されている. 現時点での課題を知るうえで有益である).

2 環境問題とエコシステム

1 自然と人間とのつきあい

保護区, ナショナル・トラスト, まちづくり

　自然と人間はどのような関係をもちつづけてきたのだろうか．その関係は図 2-1 を見ると理解しやすいであろう．これは人間が自然とつきあうときの考え方の違いを図示している．それは「自然の変形の強弱」，「人間居住域と自然域との間に設ける境界の強弱」のふたつを指標にして図に表したものである．このふたつの指標が「自然と人間との関係性」を分析するときの相即的な基本要因と想定されるからである．

　斜めの線がこのふたつの指標を分けている．たとえば，一番右の長方形が境界の発想が強くて，自然変形の発想が弱いことを示して

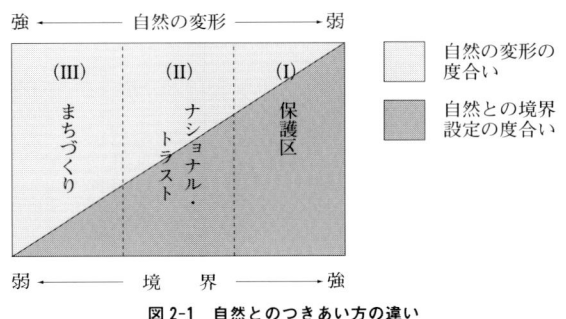

図 2-1　自然とのつきあい方の違い

水辺についての3種のつき合い方
[左上] ナショナルパークでは人間は居住も生産活動も許されていない．自然に蛇行する川（アメリカ合衆国ヨセミテ公園）
[左下] ナショナル・トラストによって守られている湖と牧草地と邸宅．木の手前が湖（イギリス湖水地方）
[右上] 運河を利用したまちづくり．写真の中央を運河が流れている（北海道小樽市）

いる．右から順番に（Ⅰ）「保護区」（アメリカ合衆国），（Ⅱ）「ナショナル・トラスト」（イギリス），（Ⅲ）「まちづくり」（日本）という具体的な例を入れてみた．これらの具体例は地域によってはこの図とは完全に合致はしていないこともあるが，原理的な考え方を理解するためには役に立とう．

アメリカ合衆国でよく見られる手法は，ある地域に「保護区」（reservation area）をつくり，それを「サンクチュアリ」（sanctuary）と呼んだり，「ナショナルパーク」と呼んだりしている．ある地域をぐるっと囲み，そこでは原則として人間が生活を営むことが禁止されている．たとえば，バード・サンクチュアリでは，人間が鳥を観察する小屋があり，鳥を観察するために限られた小径だけ人間が歩くことを許されている．この保護区の自然にはほとんど人

間の手が入らないから"純粋の自然"が守られる．つまり境界線が明確にあり，自然の変形がほとんどない．

　自然の変形度も，また境界意識も中ぐらいの，2番目の考え方の典型としてイギリスの「ナショナル・トラスト」を選んだ．実際はナショナル・トラストはかなり幅のある考え方であり，変化もしてきているが，基本的には湖沼や田園地帯，庭園，海岸線などのオープン・スペースを守るために，土地や家屋の買い取り・管理などをし，美しい風景を保護する運動である．この中ぐらいの考え方は現実的であるし，現にナショナル・トラストの評価は高い．ただ，どの政策でもそうであるが，次に示すように，まったく迷いがないわけではない．

　この運動を当然のことと思っていたイギリス人の環境倫理学者，K．リーがアメリカ合衆国のヨセミテ公園を訪れ，次のことに驚き，考えさせられたといっている．すなわち，ヨセミテ公園では，湖に十分な水がなくなってきて，それが湿原に変わっていっても，それを自然の変遷として人間が手を加えないようにしている．それに対して，わがナショナル・トラストにおいては，ある湖が枯れてしまったので，ダムを造り山の中の湖を復活させるという仕事をしている．そして自然景観の美しさを守ったといっている．これでよいのだろうか，という自省をこめた疑問である．

　つまりナショナル・トラストの特徴は，それほど積極的ではないものの，自然を守るために自然に手を加える一方で，保護区ほど明瞭な領域（境界）設定はしないが，海岸線や入会地（3章参照）など，ある領域を守るという考えである．

　3番目の考えは日本の「まちづくり」を例としたが，ここでは人間の生活と自然とはイレコ状になっているという発想があり，境界という考えそのものが成り立たない．自然が生活のなかに入り込ん

でおり，生活も自然域の方に入り込んでいるという考えである．そこでは，自然を生かすために自然に手を加えるという考えが強い[1]．日本各地のまちづくりの活動が自然とかかわったときにそのような発想をする．

　まちづくりは自分たちの住む地域を魅力と活力のある地域にしようとする運動である．言葉を換えると，そこにいつまでも住んでいたい地域にしようとする運動である．普通は行政が発案をし，それに住民が応じる形でその計画はスタートする．ある町では自分たちが住んでいる地区をアジサイでいっぱいにし，地区の人たちだけではなく，車で通り過ぎるよその人たちにもドライブを楽しんでもらおうと考え，その運動を数年間つづけた．その結果，有名になり，アジサイの季節にはたいへんにぎやかになったという．都会の人と田舎の人との交流のために，ハイキング道や頂上に東屋（休息所）をつくるなどして里山（集落に近接した山）を整備し，交流だけではなく山菜など山のものを販売することで地域の活性化を図っているところもある．

　以上，3つに分類した考え方は，どれかが優れているというような意味の優劣をいえるものではない．それぞれの地域の固有の諸条件によって，どれを選ぶかが決められるものであるからである[2]．では，これら3つはどのようなものであるのか，それをさらに具体的に考えていこう．

2 エコシステム

生態学の成立と生態学からの警鐘

　前節の図2-1をごらんいただきたい．この章では，図の右側，「保護区」についての環境問題を考えようと思う．そして後の章で，

この図の左側の方にわれわれの視点を移動させることになろう．言葉を換えると，この章では生態学的（エコロジカル）な視点を大切にしながら，そこから環境のあり方を考えることを課題とする．

　最初に生態学について簡単に述べておこう．どの学問もその成立の時期を明瞭にすることはむずかしいが，19世紀の半ば過ぎにドイツの植物学者，ヘッケル（E. Haeckel）が個々の植物などの有機体とそれらの環境との関係を研究する学問を生態学（エコロジー）とよんだことが生態学のはじめといわれている．この命名の語源は，ギリシャ語の「家」とか「生活」を意味するoikos（オイコス）からきており，有機体の生活活動に注目したことがわかる．生態学は生物学の一分野ではあるが，個別の生物に視点を定めるのではなくて，さまざまな生物たちの相互の関係とかれらの環境に注目した視点が，つまり生物たちの暮らしに注目した視点が，当時としては革命的な科学観であった．

　この斬新な科学観は生態学という学問を超えて，自然環境保護運動の理論的なバックボーンとなっていく．たとえばアメリカ合衆国では，19世紀の末に，この理論にもとづいて自然保護運動が起こる．その運動は，前節でもふれたナショナルパーク（国立公園）をつくらせたり，保護森林を設けさせる成果を勝ち取ったり，また，家畜の放牧をしていた西部諸州で草原の自生能力を超えた家畜数の放牧（過放牧）が草原の破壊をうながしている事実を指摘して砂漠化の問題に警鐘をならしたりした．これらの運動は生態学という論理があってはじめて説得的運動たり得たのである．

　この生態学の考え方に基づく警鐘は20世紀に入っても継続する．1962年出版の『沈黙の春』でレイチェル・カーソンは生態系を破壊する殺虫剤の恐ろしさを指摘した．

　「自然は，沈黙した．うす気味悪い．鳥たちは，どこへ行ってしま

ったのか．みんな不思議に思い，不吉な予感におびえた．裏庭の餌箱は，からっぽだった．ああ鳥がいた，と思っても，死にかけていた．ぶるぶるからだをふるわせ，飛ぶこともできなかった．春がきたが，沈黙の春だった．いつもだったら，コマドリ，スグロマネシツグミ，ハト，カケス，ミソサザイの鳴き声で春の夜は明ける．そのほかいろんな鳥の鳴き声がひびきわたる．だが，いまはもの音一つしない．野原，森，沼地──みな黙りこくっている．（中略）アメリカでは，春がきても自然は黙りこくっている．そんな町や村がいっぱいある．いったいなぜなのか」．

　これと同じ現象は10年ほどの時差をともないながら日本でもみられることになった．これらの警鐘の意味は大きかったのである．生態学はこのように，自然保護の考え方や運動につよい影響をあたえ，それはエコロジー運動として，世界の各地で展開されている．その理論的特徴にもう少し分け入ってみよう．

● エコシステムとは

　生態学的な考え方のもっとも際だった特色はシステム的考えに立っていることである[3]．それをエコシステム（生態系）とよぶ．システムとはそれぞれの要素（部分）が関連をもちながらひとつの体系（全体）となっているまとまりをさす．いくつかの点（要素）が網状に結びあったひとまとまりをイメージすればよい．たとえば，人間（全体）もさまざまな器官など（要素）から成り立つひとつのシステムとみなすことができる．アフリカのサバンナでもライオンだけをみるのではなく，ライオンの獲物のトムソンガゼルやそれを横取りするハイエナなどの動物，それに加えて熱帯草原の植物など，相互に影響を与える総体をみる必要がある．このシステム的考え方の長所は対象を全体的視野からみるところにある．すなわちライオ

ンなどの各要因は他のものに依存しており,依存している各要因が全体としてはひとつの自立したまとまりをもっているという考え方である.したがって,あるひとつの要因の欠如(たとえばトムソンガゼルの死滅)はそのエコシステム維持に甚大な悪影響を与えるという論理になる.こうした論理のたて方は自然保護運動でなじみ深いであろう.

このシステム的考え方は科学全体に共有されており,社会科学においてもしばしば使用される考え方である.経済学でいえば,市場をひとつのシステムと考えることができるし,政治学でいえばある国家をひとつのシステムとみなすこともできる.社会学ではある家族やコミュニティをシステム論的に分析することがしばしばある.ただ,社会学など人間を直接に対象にする科学にとってシステム論をそのまま適用できないのは,人間はさまざまな考えや感情をもっているからである.生物でいうと,1匹のシカをひとつのシステムとみなせる.それを構成する要素は肝臓とか血管になる.たとえば,肝臓はそのシカ(全体)が健全に生きていくために全力をそそぐ.ところが社会でいうと,あるコミュニティ(全体)をシステムとみなす.このシステムを構成する各家族(あるいは各人)はいろんな考えや気持ちをもっているからコミュニティのためだけでなく,それに無関心であったり,逆に反する行為をしたりする.そのため,社会学のシステム論では要素それぞれの目的とか機能とかを分析しなければ実状に合わなくなるのでたいへん複雑な分析になる[4].したがって生態学は,そのような複雑な分析を必要とする人間を研究対象から外し,それは社会科学の領域の問題であるとしてきた.

しかしながら,現在の日本をみても,どんな奥深い山でも人間の足跡を見いだすことができるのだから,人間の含まれないエコシステム論は環境問題の解決を考えたときには,あまり現実性がないこ

とになる．もし，エコシステムと社会システムとを統合するシステム論ができあがれば，環境問題の解決に資するところ大なのであるが，現在のところはまだ，それをうまく形成できずにいる．

すなわち，環境問題の解決のためのシステム論の有効性は，いわば7合目あたりまでで，それだけを使っては頂上（理論的解決）に到達できない．そういう状況のなかで現実には，いくつかの暫定的解決法があるが，そのうちのひとつが，エコシステムと社会システムの両者を空間的に区分して，両者を生かすという考え方である．つまり，エコシステムと社会システムというふたつの円の間に線を引き，社会システム側からの侵害を防いで，エコシステムを護るという方法である．この方法をとれば後の章で説明する方法に比べて，原理的にはエコシステムを純粋なかたちで護ることができる．

3 ── 人びとの暮らしと自然

── 人間域と自然域

いま述べたように，自然を守る有効な方法のひとつは，線引きをして人間の「生活地域」と，人間によって生態的自然が壊されない「自然地域」とを区分する考え方である．すなわち，図2-1で示した「保護区」の考え方である．この線引きの考え方は自然と人間を対置させる文化をもっている国々でとくに生まれやすい発想である．キリスト教は自然と人間を対置させる考え方であるとしばしば説明されるが，実際，欧米文化圏域でこの保護区の発想が際だって強くみられる．保護区のうち，もっとも規模の大きいのはナショナルパークであり，たとえば，アラスカのデナリ国立公園はアメリカ合衆国の小さな州と同じぐらいの広さをもっている．これらのナショナルパークや先にふれたサンクチュアリなどはエコシステムの保護を

もっとも大切なものと考えており，この区域のなかでは原則として人間は農業や工業などの生産活動ができない．それらはこの保護区の外，すなわち人間域で行うことと位置づけられるのである．

•————イリオモテヤマネコ，ブナ林

ところで日本のように狭い国土に多くの人間が住んでいるところでは，広大な面積の保護区を設けることは現実的ではない．かりにそのようなものをつくったとしても，たいへん多くの例外事項を設けて開発や人間の進出を認めてしまうことになろう．事実，日本の国立公園や国定公園がそうなっている．しかしながら保護区の考え方はさほど広くない地域を設定した場合は有効である．

たとえば，沖縄県の西表島(いりおもてじま)は特別天然記念物に指定されているイリオモテヤマネコの生息地である．亜熱帯気候のこの島では，河川の流域は原生林でおおわれたマングローブ地帯を形成しているし，広大な珊瑚礁，オキナワウラジロガシなどの亜熱帯林が見られ，多様な野生生物が生息している．しかし，そこでは農民の貧困問題があり，農地の拡大が地元の施策として考えられているそうである．このような状況において，この地を調査した研究者は次のような指摘をしている．すなわち，農地の拡大化が高所得につながるという発想から抜け出し，島の自然を保持していくために，土地粗放農業から土地集約農業への転換をはかるべきこと．また，自然（イリオモテヤマネコ）と人間との「住み分け的観点に立った土地利用」を考えること．それは具体的には，完全自然保護区，住民地区，緩衝地帯としての共生地区の3区分である．たしかにこの場合，このような施策は有効性をもつだろう．

もうひとつ例をあげよう．青森と秋田の県境にある白神山地は日本にわずかに残された原生状態のブナ林があるところであるが，そ

Column

白神の元猟師（マタギ）の話

　私は田んぼも一緒にやっているものだから，苗代などの農作業を早くすませて，4月の始めごろから，5月の中頃まで「熊撃ち」に山に入る．昔から，熊は山の神さまからの授かりものと考えてきたから，獲物を多く授かってくれるようにと，山の神様を拝んでいる．

　ここら辺の年寄りの話では，たまに水害があると，あれは山の神が怒って掃除をしているんだという．人間たちが川の中にゴミなどを捨てて，汚くするから，山の神が水を出してきれいに掃除をしているんだと．

　青秋林道（開発）の話が白紙撤回になって，それが，いつの間にか白神が世界遺産に決まっていた．そして山に入ることが禁止された．「山に入るな」と言われても，ここら辺の人たちにとっては，それは「家から一歩も出るな」と言われている感じで……．今までうちらは，山菜を採って生活をしてきたり，私みたいに，代々，熊を捕って生活の営みを企ててきた連中とか，そういう人たちの生活権まで含めたものが，世界遺産だと思ってたわけ，私は．だから，私たちは排除されることはないとズゥーと思ってたけど．私たちみんなを白神のそこから排除して，そこだけポツンと隔離した状態（人間の入らない自然）で残すというのは……．ちょっと，腑に落ちない．

マタギが大切にしている「山の神」の絵姿
山の神は山を支配する自然神と考えられ，女性であることが多い．

の開発を企画する青秋林道の建設工事が1982年にはじまった．それに対抗して，自然を守るための10年にわたる保護運動が，そこに「森林生態系保護地域」と「自然環境保全地域」を設定させることに成功した．この運動の成功の理由として，周辺地域住民の生活をも保全するという共生論を前面に打ち出したことにより住民の理解が得られたことがあげられると，ある社会学者は指摘している[5]．ここでも基本的には住み分け論が成立したのであるが，ブナ林のうち生態的に大切な中心部分に人をまったく入れさせないようにするのか（入山禁止）とか，伐採によって得られるはずだった利益を放棄して実際に地元の地域振興が保証されているのかという課題と不安をかかえるなかで模索が続けられている[6]．

● ─── **自然資源の利用**

ただ線引きを行っても，現実には，自然資源をなんらかのかたちで利用しないということはあり得ない．なぜなら，そこに住んでいた人たちはその資源に依存して今まで生活をしてきたからである．たとえば，森林やその周辺に住んできた人たちは森林資源に依存して生活をしてきた．したがって，あるたいへん限られた部分に人間

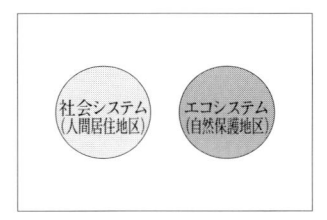

図2-2 社会システムとエコシステム
注：ふたつのシステムを設定し，その間に右のように緩衝地帯をおく．緩衝地帯は現場では「共生地区」というようなきれいな用語が用いられることが多い．

がまったく手を加えないで,純粋のエコシステムを保全するという計画が受け入れられるためには,自然資源を利用しつつ自然を守るといういわば緩衝地帯(白神では「保全利用地区」と呼んでいる)が不可欠と考えてもよい.緩衝地帯はかなり広大な面積を想定すべきであろう.つまり,線引き論でいえば,西表島での用語を借用すると,完全自然保護区,共生地区(ここが緩衝地帯),住民地区という3区分が現在のところもっとも有効な考え方であるように思える.そしてそのなかでも,実は共生地区こそが人間の知恵と工夫をもっとも必要としているところではないだろうか.そこでは自然を保全しながらも,その資源を利用するという一見矛盾する行為をしなければならないからである.しかし,魚を捕りながら魚を減らさないというようなことを漁民は伝統的にしてきたし,現在でいうと,エコツーリズム*などの観光も,自然を利用しながらそれを生かすことができるアイデアである[7].

*エコツーリズム:環境観光と訳すこともある.自然環境を破壊しないようにしつつ,またそこに住んでいる人たちの生活を大切にしながら観光事業を行おうとするもの.リゾートなどの観光開発型の観光とは基本的な考え方が異なる.

1) この自然を生かす考え方を明瞭に打ち出した最初の研究者のひとりは柳田国男であろう.鳥越皓之(1994)に詳しい.
2) 「保護区」「ナショナル・トラスト」「まちづくり」という3つの具体例を出し,それぞれにアメリカ,イギリス,日本という国名を当てはめたが,いうまでもなく,それぞれの国でこの種の運動しかないということを意味するわけではない.たとえば,土地を購入して既存の自然を守るという運動は多くの国に当たり前の発想として見られるものである.イギリスのナショナル・トラストが際だって有名であるが,アメリカにも類似のものとしてランド・トラスト運動がある(土屋俊幸,2003).したがって,日本ではサンクチュアリをつくることやナショナル・トラスト運動をすることが無意味であるといっているのではない.日本でも特定の

場所では必要だし，天神崎のナショナル・トラストである市民地主運動（1996年までに全国から5万4000件，4億3000万円の募金が寄せられた）のように成功している例も少なくない．

その地域（国）の基本的な考え方や社会的・地理的・歴史的条件などを反映しながら，自然保護活動の戦術は選択されるものである．ここでは原理的な理解として自然と人間との関係を考えるときの発想の多様さと，多様さのなかでの整理としての3つの分類を示しているのである．この3つは整理であるから，整理軸を何にするかによって，5つにも10にも分類できる．

3） もっとも生態学者のすべてがシステム論の支持者ではない．システム的考え方にも欠点がある．エコシステムの考え方の問題点については瀬戸昌之（1992，5-6頁）が参考になろう．

4） 社会学のシステム論的な課題については髙坂健次（2000）が分かりやすいだろう．

5） 西表島での主張は大野晃，白神山地は鬼頭秀一である．それぞれ口頭でご教示を得た．

6） 現在のところ，本文のすぐ後で述べるように，エコシステムと社会システムという重ならないふたつの円の間に緩衝地帯をおくというのが現実的な施策である．それはふたつのシステムを統合する説得的な考え方がいまだ見つからないからである．しかし同じ西表島の例でいうと，地元の農民たちに会って話を聞くと次のようにいっていた．すなわち，山に近いところに田んぼが多くあった時代は，その田んぼにいるネズミやカメ，野鳥などを食べるためにイリオモテヤマネコがよく田んぼに出てきていた．わたしらがイリオモテヤマネコを養っていたみたいなものですわ，と．このように人間の生活と切り離さないことが逆に守ろうとする自然の動物の生存を支えることもあり，このあたりがふたつの個別のシステム論を超える論理をつくるヒントになりそうである．

7） 自然を「観光」するという新しい形はさまざまな可能性を含んでいる．古川彰・松田素二（2003）がこの分野の研究が並んでいて便利である．とくに，農山村でのレクリエーションとしてのグリーン・ツーリズムが注目されているが，この書のいくつかの章で具体的に取りあげられている．そのうちとくに，第4章の野崎賢也「人がつなぐ地域と自然環境」という四万十川の事例が入門的には分かりやすいであろう．

【引用文献】

Charles L. Harper, 1996, *Environment and Society*, Prentice Hall, Inc.

Keekok Lee, 1995, "Beauty for Ever?" *Environmental Values*, 4-3, White Horse Press.
梅棹忠夫・吉良竜夫編, 1976, 『生態学入門』講談社学術文庫.
レイチェル・カーソン(青樹簗一訳), 1974, 『沈黙の春』新潮文庫.
瀬戸昌之, 1992, 『生態系』有斐閣.
大野晃, 1983, 「西表島における環境と農業・農民」『高知論叢』18号, 高知大学.
井上孝夫, 1996, 『白神山地と青秋林道』東信堂.
古川彰・松田素二編, 2003, 『シリーズ環境社会学4 観光と環境の社会学』新曜社.
鳥越皓之編, 1994, 『試みとしての環境民俗学』雄山閣出版.
土屋俊幸, 2003, 「米国ランド・トラスト運動におけるパートナーシップ」山本信次編『森林ボランティア論』日本林業調査会.
髙坂健次, 2000, 「システム性の実在根拠」『社会・経済システム』No.19, 社会・経済システム学会.

【参考文献—勉学を深めるために】

川那部浩哉, 1985, 『川と湖の生態学』講談社学術文庫.
伊藤嘉昭, 1994, 『生態学と社会』東海大学出版会.
石弘之, 1987, 『地球生態系の危機』ちくまライブラリー.
牧野和春, 1994, 『鎮守の森再考』春秋社.
グレアム・マーフィ(四元忠博訳), 1992, 『ナショナル・トラストの誕生』緑風出版(イギリスのナショナル・トラストについては, 多くの書物があるが, この書と次の書物が研究の深さをもちつつ理解しやすいものである).
四元忠博, 2003, 『ナショナル・トラストの軌跡』緑風出版.
渡辺伸一, 2001, 「保護獣による農業被害への対応——奈良のシカの事例」『環境社会学研究』7号, 有斐閣.
丸山康司, 1997, 「『自然保護』再考——青森県脇野沢村における『北限サル』と『山猿』」『環境社会学研究』3号, 新曜社.
関礼子, 1999, 「自然保護運動における自然」『社会学評論』47-4, 日本社会学会.
関礼子, 1999, 「どんな自然を守るのか——山と海の自然保護」鬼頭秀一編『環境の豊かさをもとめて』昭和堂(自然について考えるときに入門的で分かりやすい).
土屋俊幸, 2001, 「白神山地と地域住民——世界自然遺産の地元から」井上真・宮内泰介編『コモンズの社会学』新曜社(住民の意見から遠いところで開発や世界遺産の指定がおこなわれた事実の指摘).

稲村哲也・古川彰，1995，「ネパール・ヒマラヤ・シェルパ族の環境利用」『環境社会学研究』創刊号，新曜社．
西崎伸子，2004，「住民主体の資源管理の形成とその持続のための条件を探る——エチオピア，マゴ国立公園の事例から」『環境社会学研究』10号，有斐閣（Iの保護区のパターンで現われる課題の解決策）．
卯田宗平，2005，「『生業の論理』を組み入れた自然再生のあり方——琵琶湖・有害外来魚駆除事業の事例から」『環境社会学研究』11号，有斐閣．
大野晃，2005，『山村環境社会学序説——現代山村の限界集落化と流域共同管理』農山漁村文化協会．
丸山康司，2006，『サルと人間の環境問題』昭和堂（人間と自然との関係，自然保護について再考するための刺激を与えてくれる）．
渡邊洋之，2006，『捕鯨問題の歴史社会学』東信堂．
山越言，2006，「野生チンパンジーとの共存を支える在来知に基づいた保全モデル——ギニア・ボッソウ村における住民運動の事例から」『環境社会学研究』12号，有斐閣．
田中求，2007，「資源の共同利用に関する正当性概念がもたらす『豊かさ』の検討——ソロモン諸島ビチェ村における資源利用の動態から」『環境社会学研究』13号，有斐閣．

3 森・川・海
コモンズ

1 ──── コモンズと人びとの暮らし

● ──── 自然と人間

　森や山，それに川，湖，海などは，人間がさまざまな形で利用をしてきた空間である．ただこれらは，屋敷地や田畑と大きく異なり，あるルールのもとに，不特定の人たちが，かなり任意に利用をしてきた空間である．また，この空間は「ルール」というものがたいへん意識される空間でもあり，「不特定」といったが，あるモノの取得（たとえば山の材木）は集落構成員に限るとか，「任意」といったが，あるモノの取得（たとえば川を遡上してくるサケ）は，ある期間のある場所に限るとか，ルールが定められている．

　これらの空間は道路や宅地，公園，田畑などに比べると，自然的特性が強く，私たちが"自然"というとき，ふつうにイメージするのはこれらの空間である．自然の保護や利用のあり方について考えようとするとき，「自然の力」と「人間の力」という2つの変数を設定すると施策が見えやすい．なぜなら，これらの空間でこの2つの力がせめぎ合っているからである．そして，現在は，自然中心主義でも人間中心主義でもなくて，これら2つの変数の均衡のうえに自然の保護や利用が成り立つという考え方が支持を得ている時代である．したがって，森・川・海などのコモンズ空間についての政策は，方法論的にはこれら2つの変数の均衡論の論議なのだというこ

ともできる．その論理の典型は，前章で示した図2-1の真ん中の「ナショナル・トラスト」にあたる．言い換えれば，ナショナル・トラストという政策の本質は2変数均衡論という論理の土台に載っているといえよう．

●─────入会地の利用

ところで，コモンズとはなんであろうか．古典的な例示としての入会地についての説明から，自然環境とかかわりの深いコモンズの理解をめざそう．伝統的な集落を想定するとわかりやすいだろう．図3-1をごらんいただきたい．これは集落（ムラ）と田畑（ノラ）と山林（ヤマ）の空間配置の模式図である．集落（Iのムラ）は人の居住地域である．そこには庭畑や小さな畑が混じることがあるけれども，基本的には家々と集会所など共同施設がある．つまり，人の居住生活の場所である．その外側に田や畑などの耕地がある（IIのノラ）．この田や畑の外側はよく利用する山林（日本の農村では森や林もヤマと呼び慣わしてきた）があり，伝統的には里山と呼ばれることが多い．そのさらに外側にはあまり利用することのない山々が峯を連ねている．そこを奥山と呼ぶ集落もある．また地域によると，それらの地帯が山の代わりに川であったり，湖，海であったりする（IIIのヤマ）．

さて，田や畑よりも外側の山・森や川・海などは，集落の人たちの共同の利用地となっている．それは入会地（入会山，入会漁場）と呼ばれてきた．そこは田畑のように毎年耕される空間ではないので，自然が強く残っている．

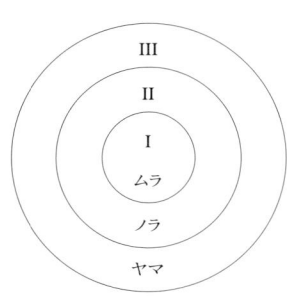

図3-1　ムラ・ノラ・ヤマ
出典：福田アジオ（1982）．

集落の空間
写真左上は集落の中の風景．家屋群と中央のこんもりしたところは庭畑であり，集落の中の道は車がぎりぎり通れる狭さである．写真右上は田んぼのあぜ道から集落を遠望している．集落を囲むようにして田畑がある．写真右下は畑から手前の森と遠方の山を遠望している．右の山はこの集落の里山であり，さらに遠方にかすむ山は，この集落では奥山とよんでいる（滋賀県志賀町）．

そこから集落の人びとは田畑の肥料や牛馬の飼料，薪炭，魚介類などを採取してきたのである．それらは抽象化して「共有資源」と言い換えてもよいだろう．農耕民も田や畑だけで生活が成り立つのではなく，このような入会となっている山や川など自然からの採集が必要であった[1]．とりわけ農業の場合は，収穫という形で田畑からエネルギーを吸い取るので，肥料という形でのエネルギーの補充が不可欠であり，それは主要には山や川・海などの水中から取得していたのである．山からは落ち葉や柴，水中からは水草や魚（干鰯などにして）などを得ていた．このような入会の利用の仕方は日本に固有のものではなく，国際的な共通語としてはコモンズ（commons）という用語が使用されることが多い．

● ─────**コモンズと"落ち着ける自然"**

　英語の commons は，最近はカタカナで「コモンズ」と訳されることも少なくないが，伝統的には「入会（地）」と日本語訳されてきた．イギリスでの commons という用語の使用例からみても，入会地が典型であるから，この訳でよいのであるが，それは典型であって，コモンズという概念は入会地だけではなく，もっと広い意味をもっている．語源的にみても，com＝共通の，共同の，mon＝サービス，という意味だから，共同のサービスをおこなっている対象をコモンズと呼んでもいっこうに差し支えないことになる．したがって，研究者によれば，コモンズを非常に広い意味にとって，ローカル・コモンズ（入会地，焼畑農地など），リージョナル・コモンズ（森林・河川資源など），グローバル・コモンズ（大気など）の3種に分けて，環境問題を考えようとする人もいる．このように広くとる長所は，大気も私たちの共同の資源で大切なものなのだという自覚を促す側面があることである．ともあれ，入会地などはその使用は特定のメンバーに限られているが，大気になると誰が使ってもよいものというわけで，使用制限の程度でこの3分類は成り立っている．

　また研究者によれば，コモンズとは私的所有や私的管理に分割されないだけでなく，国や都道府県などの行政の公的管理に包括されないもので，地域住民の共的管理による地域空間やその利用関係をさす，と定義する人もいる．この私的，公的と区別した「共的」という表現はコモンズの性格を知るうえで本質をついた分かりやすい表現だと思う[2]．

　じつはイギリスのナショナル・トラスト運動は，共的な入会地が私的な個人所有地にどんどん変わっていき，人びとが自由に散策を

したりすることのできるオープン・スペースではなくなったことが運動のはじまりであった．なるほどそのような入会地は家畜の放牧や果実摘みなどで人びとに共通に利用されてきたから，2章で取りあげた意味での生態学的に"純粋な自然"が保持されているわけではない．けれども，森や沼や湖がある田園地帯は人びとにとっては"落ち着ける自然"であったのである．考え方によっては，ここそが人間の暮らしにとって，もっとも価値ある自然かもしれない．なぜならそこは経済的利用ができ，かつ，心理的に落ち着ける自然であるからである．2章の図2-1で表したまんなかの部分がこれにあたる．この「人間の手の加わっている自然」に人間はどのようにかかわっているのかを考えてみよう．

2 コモンズと自然保護

人が自然に手を加えること

人が自然に手を加えることは自然破壊でよくない，という意見がある．それは一面で正しく，一面で正しくない．純粋の（人が関与していなくて，エコシステムが安定した）自然が本来の自然と考えるならば，人間が関与することにより自然は変形するのだから自然が破壊されたといえるだろう．生態学の用語を使えば人間が「攪乱要因」として作動したことになる．

ただ，最近の生態学者の関心のなかに，人間が関与した自然でのエコシステムの分析がある．それは里山や田や漁業をおこなっている河川での分析などだ．たとえば水田をつくると，そこではフナやドジョウが増えるし，ギンヤンマもよく見られるようになったりする．そのため，人間の関与が歴史的に長く一定している場合，そこに「安定した」エコシステムができることになる．それは抽象化し

ていえば，「自然の力」と「人間の力」という2つの変数の相互の力関係が均衡しているということなのである．

　また，日本では山や川から，木や山菜，また魚などを捕るが，そのような共有地の利用法として日本では伝統的に「間引く」というやり方をおこなっている．それは特定空間でのそのものの数を減らすことで，逆に残ったものを，もっと生かすという考え方である．この「間引く」→「自然をいっそう生かす」という生業の知恵からでた発想に対しては，私たちの分野ではとんど研究はないが，考えるべきものを含んでいると思われる．

　さて，以上のような事実をふまえると，地震や火事による自然の関与はよいが，人間の関与はよくないという言い方は説得性が弱くなってくるのではないだろうか．それでは，人間の関与によって，人と自然の関係になにをもたらすのだろうか．このあたりを具体的に検討してみよう．

●――― 自然と人間のつきあい方

　産業活動や公共事業は，現代社会にとっては不可欠なものである．しかし他面，これらが深刻な自然環境破壊をもたらしている事実を私たちは知っている．それは自然とのつきあい方が不器用だからといえないだろうか．なんとか，自然とのうまいつきあい方はないものだろうか．

　焼畑という農法がある．山や森の木を伐採し，それらが乾燥すると火を入れて焼却し，焼却跡で数年間作物を栽培する方法である．その土地の養分がなくなり痩せると，また別の場所で畑地を開墾する．この焼畑農業は"原始農業"で森を破壊する元凶であるという批判が一般的にはされている．しかしながら，現地の人たちの生活を分析することを仕事としている文化人類学者や社会学者は，批判

がはじまったかなり早い時期から，無口な現地の人たちに代わって，そうではないという反論をしつづけてきた．この焼畑をめぐる論争は自然と人間のつきあい方を考えるよい材料になるだろう．

　たとえば，タイ国の北部の山岳地帯に住む人びとは，伝統的に焼畑を生業としてきたが，最近になって，かれらはタイ政府やマスコミから森林破壊者と決めつけられ，政府は武力でもってかれらを強制移住させる措置をとっている．それに対して，地元の山岳地帯のリーダーたちや住民の生活を分析している研究者たちが，かれらの焼畑は森を破壊するどころか，焼畑に依存してきたかれらこそが森を守ってきた，と反論している．ただ，タイの平地から移動してきた平地民は焼畑の技術を知らなくて，森林を焼き，開拓をしている．焼畑民と後者の移動してきた人たちの焼畑とが外見は同様に見えるため，山岳の焼畑民も批判を受けてしまっているのである．しかしもともとの焼畑民は，森がなくなれば自分たちが生きていけなくなるので，森を守りながら焼畑をしてきたわけで，コモンズ（入会）の組織を保持して，森を共同利用してきたのである．移動してきた平地民には共的なコモンズの発想はなくて，私的利用が前面にでている．焼畑民のいない東北タイでは森林がほとんど消滅しており，逆に伝統的焼畑民のいる地帯では青々とした森が拡がっている現実を直視してほしいと山岳民の関係者たちはいっている．

　このような事実は，他の焼畑地域でもみられるし，また川から魚を得て生活している川魚漁民が川を守り，海の沿岸の小魚やエビを採ることを生業としてきた人たちがマングローブ林を結果的に守った，といったケースもよく見られる．自然に強くかかわって生きてきた人たちが意外と自然を守っていたという事実に私たちは気づきはじめてきているのである．

ヒースで覆われた傾斜地
このような場所は牧草地としてしか使えない（イギリス）．

● 自然を利用し楽しむ

 人間は伝統的に自然を利用し，そこから作物などの恵みを得てきた．とくにコモンズとよばれる地帯は，毎年鍬を入れる田や畑と異なり，一見，"自然"にみえる地帯である．それでも人間がそこを利用し，利用することによって自然の姿を変えてきたのは事実である．しかし代々の利用を大前提としてのこの行為は，利用者たちをそれら森や川や海の沿岸を守る番人ともしてきたわけであった．

 そして，この利用のための知恵がまた，自然を結果的には楽しめる地帯に変貌させていったことも忘れてはならない．イギリス，フランス，ドイツなどのヨーロッパの荒蕪地には夏になると薄紅色の花をもつヒースがピンクの絨毯のように拡がる．そこは畑作には適さないため，ヒツジの共同の放牧地であった．すなわち，コモンズであった．イギリスのナショナル・トラストが保護しようとした対象のひとつがこのヒース地である．ヒース地はヨーロッパの人たちが自慢のひとつにする「美しい自然」である．

 ドイツの地元の人の話によると，ヒースと共生する2つの生き物

があるという．それはヒツジとミツバチだ．ハチは花粉を運んでヒースを増やすが，クモの巣にかかると死んでしまう．ヒツジは雑草やヒースを刈り取るように食べて，ヒースの新しい芽吹きを助けるとともに，歩き回ってクモの巣を払うことでハチを守っているという．ただこのヒース地は養分を増してくると，白樺などの木が育ってくる．木を切り，栄養のある腐葉土を取り去るのは人間の役目である．このようにしてヒース地は守られ，人びとに"自然"として楽しまれているのである．

すなわち，利用と楽しみの二面から，人間は自然に手を入れてきたのである．利用の方の比重の高い焼畑地があるとともに，楽しみの方の比重の多いこのようなヒース地もあるのである．

私たち人間は地球上のあちこちで，このような一見，自然に見える地帯を「共的」な利用の仕方で，そこから経済的利益を得たり，散策などの楽しみを得たりしてきた．"純粋でない"このような自然の価値を積極的に認める必要があるのではないだろうか．

1) 野や山，また川や海に行くと，さまざまな有用な食べ物も手に入る．それは自然のものを素朴に手に入れているように思えるが，そこで再びいっぱいとれるように，意識的に人間がある作為をすることは，わが国だけでなく世界各地で見られる．それは田畑の栽培ほどにキチンと手を入れるわけではないので，人類学では「半栽培」という用語を用いる．たとえば，山イモをみつけるとそれを採った後，山イモの蔓にできているムカゴ（豆のようなもので，そこから新芽が出る）を山のやや傾斜度のあるところ（できた山イモが掘りやすい）にパラパラと撒いたり，川の本流の水が側面の湿地に入りやすいようにしたり（そこで魚が産卵をする）して，結果的に，人間に有用な自然物を増殖させるのである．

2) この「共的」の「共」は，現在よく使われる用語であるが，なかなか奥深い考え方である．これは私的でも公的でもないものである．私的な所有物，たとえば宅地は，人間中心的なセッティングになりやすい．他方，純粋の自然の保護という自然中心主義は

公的管理で行うのが一般的である．こういった人間中心主義や自然中心主義は，均衡論的な考え方では，優越要因論（「人間」あるいは「自然」という特定のひとつの要因を重視する考え方）という位置づけになり，均衡論の発想からやや遠くなる．他方，共的な考え方は相互連関論（要因間の関係性を重視する考え方）という位置づけになる．そして自然と人間との関連を分析し評価し，均衡点ともいえる最適点（optimum）を見つけようとすることになる．その場合，なにを最適とみなすかという基準（選好）は，私たちが対象としている「自然環境」のケースでは，現場においては主要には経済的利益（経済的利益の持続性）と景観的利益（景観を象徴とする自然そのものが存在する値打ち）とになる．現場でのこの経済的利益と景観的利益の対立を解消するひとつの方法が，両方の利益をもっている「観光」である．そのため，共的な空間はともすれば安易に観光へと傾斜してしまう．これが現在，「観光」がこのような地域で施策として取り入れられがちな理由とも解釈できよう．

【引用文献】

秋道智彌，1999，「自然はだれのものか——開発と保護のパラダイム再考」秋道智彌編『講座人間と環境1　自然はだれのものか』昭和堂．

井上真，1995，『焼畑と熱帯林』弘文堂．

福井勝義，1997，「コモンズを支えるパラダイムは」『人環フォーラム』2号，京都大学大学院人間・環境学研究科．

「人間の手で荒れ野を再現——ヒース」『朝日新聞』（日曜版）1991年5月5日．

福田アジオ，1982，『日本村落の民俗的構造』弘文堂．

【参考文献—勉学を深めるために】

井上真・宮内泰介編，2001，『コモンズの社会学』新曜社（コモンズについて理論的，また実証的にもまとまっており，格好の入門書）．

環境社会学会編，1997，『環境社会学研究』（特集　コモンズとしての森・川・海）3号，新曜社（コモンズ研究の代表的な研究者が執筆をしており，コモンズ研究の水準を鳥瞰できる）．

日本村落研究学会編，1996，『年報・村落社会研究』（自然の再生21世紀への視点）32集，農山漁村文化協会．

宮内泰介，2001，「コモンズの社会学——自然環境の所有・利用・管理をめぐって」鳥越皓之編『講座環境社会学3　自然環境と環

境文化』有斐閣（この論文と次の論文はともにハーディンの「共有地の悲劇」の議論に対して批判的に言及しているので，7章の課題を考えるときにも有効）．

家中茂，2002，「生成するコモンズ——環境社会学におけるコモンズ論の展開」松井健編『開発と環境の文化学』榕樹書林．

井上真，2004，『コモンズの思想を求めて』岩波書店（インドネシアの東カリマンタンという熱帯林の事例．コモンズの定義や類型も述べられている）．

鬼頭秀一，1996，『自然保護を問いなおす』ちくま新書．

嘉田由紀子，2001，『水辺ぐらしの環境学』昭和堂．

山本早苗，2003，「土地改良事業による水利組織の変容と再編——滋賀県大津市大仰地区の井堰制度を事例として」『環境社会学研究』9号，有斐閣．

宮内泰介，1998，「重層的な環境利用と共同利用権——ソロモン諸島マライタ島の事例から」『環境社会学研究』4号，新曜社．

宮内泰介，2003，「自然環境と社会の相互作用」舩橋晴俊・宮内泰介編『新訂 環境社会学』放送大学教育振興会（半栽培についての事例と説明がある）．

磯辺俊彦，2004，「コモンズという言葉で何が言いたいのか？」『農村研究』99号（コモンズ概念のあいまいな拡張は国際的・国内的な相互理解をさまたげるという傾聴すべき警告）．

五十川飛暁・鳥越皓之，2005，「水神信仰からみた霞ヶ浦の環境」『村落社会研究』23号，農山漁村文化協会．

宮内泰介編，2006，『コモンズをささえるしくみ』新曜社．

安部竜一郎，2006，「途上国の自然資源管理における正統性の競合——インドネシア・南スマトラの事例から」『環境社会学研究』12号，有斐閣．

武中桂，2006，「自然公園内に受け継がれる『ヤマ』——北海道立自然公園野幌森林公園を事例として」『環境社会学研究』12号，有斐閣．

川田美紀，2006，「共同利用空間における自然保護のあり方」『環境社会学研究』12号，有斐閣．

福永真弓，2007，「鮭の記憶の語りから生まれる言説空間と正統性」『社会学評論』58-2，日本社会学会．

4 農業と自然

1 ── 農業と人間

──── 人間の側に引き寄せてしまった自然

　現在ではそんなことをいう人はいないだろうが，いまから20数年前，エコロジー論が世間の関心をあつめはじめたころ，「農民や漁民は自然を破壊しているからけしからん」という極端な論調が一部にはあった．たしかに，農民は毎年田畑を耕し，漁民は魚介類を採って生活をしてきたのだから，自然を破壊していると言っても，まったくの誤りではない．

　前の章の図3-1を見ていただきたい．前章では，この図のIIIのヤマをコモンズとして考えてみた．これらの土地は人間の手がかなり入ってはいるものの，外見は自然のままである．人間と関わるとはいえ，いわば自然の側に引き寄せられていた．同じような説明をすると，この4章で取り扱うのはIIのノラ（田畑）にあたるところで，いっそう人間の居住地に近く，人間の側に引き寄せられた空間が対象である．そこでは，自然が人間の思いどおりに変形させられてしまって，もとの"自然"の姿をとどめてはいないのが普通だ．なぜなら，そこに人間の労働が継続的に投下されているからである．そのため，自然を破壊したという極端な表現も生まれてしまうのだろう．

● ────── **農業の大切さ**

　けれども，この耕地をまったくの自然にもどそうという提案は現実的ではない．人間は食料を必要とし，それは主要には耕作地からしか得ることができない．人間の歴史のかなり初期の狩猟採集経済に全員がもどることは現実論として不可能だ．農業は人間の貴重な発明であり，それは尊重すべきことなのである．

　また，田畑は食料を供給する場であるだけでなく，自然の多様な動植物の暮らしを保障する場にもなっている．1枚の田を想定してみよう．長雨がつづけば農民は田に流入する水を減らすように調節し，日照りがつづけばそこに水を流入させ，いつも水嵩を一定に保っている．その結果，そこは自然の湿地よりも安定した湿地になり，この種の湿地を好む魚やトンボなどの昆虫，また鳥たちの生活を保障したのである．

　もし，このような方法での農業が現在もつづいていたならば，環境保全の側面からみてなんら問題はなかったはずである．しかしながら，人間は農業をまったく別の論理の体系に導いていった．それは「農業の近代化」と一般にいわれているものであるが，あるいは「農業の工業化」といった方がその本質が分かりやすいかも知れない．

2 ────── **近代化された農業**

● ────── **農作物の商品化**

　農業は基本的には自給自足のものであった．自分たちの消費量を超えた余分な作物は市場に出すことがあっても，農民が農作物を購入するという"変な"現象は本来は見られないものであった．なぜ

そのような現象が見られるようになったのか．一言でいえば，それはモノカルチュア（単一作物の生産）化といわれているもので，すなわち，農民が作る作物の種類を限定してしまったからである．米を主に作る農家とか野菜を主に作る農家というように．それは農作物を商品化していったことに起因している．また，この現象は途上国では日本よりももっと顕著にあらわれることがある．多くの政府が農業を工業と類似の産業にする政策をとったためである．そしてこれが本当に良かったのかどうかが，いま問われている．とりわけ，「環境」のレベルで考えてみると，この政策に対しては否定的にならざるを得ない．

●————近代化の功罪

「農村生活」の近代化は，多くの面で人びとの暮らしをよくした．集落の組織の近代化，家族や地域社会での人間関係の近代化，台所の近代化，また水洗トイレになることも喜ばれた．この種の農村生活の近代化は，さがせば欠点もみつかるけれども，全体的にみれば好ましいものであった．

しかしながら，「農業」の近代化については，当初は農民にたいへん喜ばれたものの，近頃はそれでよかったのだろうかという反省の時期に入っている．農業の近代化とは，端的にいえば，農業の工業化であるといえる．つまり機械化・化学化がおこなわれた．そのように農業を工業化して農民の暮らし全体がもし豊かになったとしたのならば，反省の声はさほど大きくならなかったかも知れない．だが実際は，豊かになったとは言い切れない現実がある．各国の政府は多大な国家予算を農業につぎ込んだにもかかわらず，工業に比べて，その成果が出にくいので，いらだちを感じているようにみえる．その予算を，農業の工業化ではなくて，工業そのものにつぎ込

んだ方があきらかに効率がよかったように思われる．そのことは，農業というものが工業などの産業と同列にあつかうには不向きであることを示している．それは農業が気候などに左右される生命の成長を対象とするからだと専門家は指摘している[1]．

●———漁業の近代化

　第1次産業というと一般には農業と漁業を想定する．にもかかわらず，第1次産業の現状の論理的理解をクリアにするために，本章では農業に代表させて説明をしている．しかしそれではやはり不十分なので，ここで少しだけ漁業の状況を挟み込んでおきたい．近代化の流れは農業ほど極端ではないが，漁業にも確実に及んでいる．農業の近代化と同じように，漁船にモーターを取り付けたり，魚群探知機の発明など，機械化が漁業にプラスになった事実は否めない．他面，漁業は社会全体の近代化のために漁場を荒らされつづけた歴史をもっている．ひとつは農地や工業用地の拡大のために，干潟などの浅瀬の海岸部や葦などの茂る湖の浅い部分が埋め立てられた．また，水辺はコンクリート化されていった．これらの変化は稚魚の生育にとって決定的なマイナスであったので，魚の数が激減しつづけた．さらに追い打ちをかけたのが，工場排水や生活排水による水質の汚染である．こうした近代化の名のもとになされた改変が，漁業に大きな影響を与えたのである．

　現在，このような動向に対し，異を唱える運動が起こりつつある．おもしろい例としては漁民による山に木を植える運動である．これは全国的にひろがっている．魚付き林といって，水辺に近い山の緑が豊かだと魚が豊富になることを漁民は昔から知っていて，一般に考えられているより，山の緑と漁業との関係は深い．漁民たちの植林運動が「森は海の恋人」というキャッチフレーズを使っているこ

とからもこの関係の強さは推測できよう．

　また水辺のコンクリート化に対しては，地元の一般の住民たちも反対の声をあげる現象が見られるようになってきている．とくに河川に対してはそうである．水辺は私たち日本人にとっては親しみのある空間であったのだが，洪水対策や道路の拡張などの目的でコンクリート化が進んでしまった．そして必要度の低いところまでコンクリート化の波が押し寄せてきたので，住民たちがたちあがったといってよいであろう．

　以上に述べたように，近代化の過程で，近海や淡水の漁業が衰退した事実は否めない．もっとも漁業の衰退の原因はこの近代化以外にもうひとつ，前章でとりあげたコモンズの問題がある．20世紀はコモンズがなくなっていく歴史であったとしばしば指摘されるが，とくに漁業の対象である海や湖，川でのコモンズの規制の弱化や私有化が著しい．本来，漁業はコモンズ的な利用に適しているのである．ところが，「獲り得」という私有的な発想が出てくると，闇雲に魚をとることになる．そして最悪のケースとして，最終段階では，漁場そのものをすっかり荒らしてしまう漁法が現れてくる．東南アジアで見られるダイナマイト漁法や，青酸カリ漁法などはその荒廃の最終段階である．そのような場所では外部からのNGOなどにより，これらの漁法によって破壊される珊瑚礁を守ろうとする運動が発生することも多いが，肝心なことは，そんな漁法を選択せざるを得ない社会的条件の把握とその改善策の検討であろう[2]．将来の漁業政策を形成する第一歩として，「近代化」と「コモンズ」については，評価と分析のやり直しが必要ではないだろうか．

●────農民と消費者の健康

　もう一度，農業にもどろう．農業の機械化は漁業と同じく，労力

を省略することに役立った．けれども農民は，購入した高価な機械のローンによる借金漬けで苦しめられた．また，化学化とは具体的には農薬や化学肥料の使用を意味し，それも確かに農民の労力を省略するのに役立ちはしたものの，農民の健康被害と耕地の非生物化をもたらしてしまった．耕地の非生物化とは分かりにくい表現だが，つまりは2章でふれた「沈黙の春」のことである．農薬の使用により，田畑から鳥や昆虫の姿が消えてしまったことである．

　農薬の使用には安全基準が定められており，ある範囲内での使用は安全であるとされている．だが実際は，消費者がそれを食べて本当に安全なのかは，どうもはっきりしない．なによりも問題なのはそれは食品としての安全基準であって，それを散布する農民の安全基準ではないことである．農民は農薬を体中に浴びることになり，健康被害は深刻である．それはわが国だけの問題ではなく，フィリピンのバナナのプランテーションにおける農業労働者の農薬被害は日本の新聞でもしばしば取り上げられた．

● ─────**農民から楽しみを奪う**

　しかしもっと根本的な問題は，農業の工業化が農民から農業をする楽しみを奪ったことであろう．農村を歩くと農業をしてもつまらないという人にしばしばでくわす．親が農業をつまらないと言っている限りは，子供たちも後を継ぐ気にはならないであろう．本来，農業とは植物を生育させる仕事だから楽しい側面をもっているもののはずである．だが，農業の工業化は，植物の成長を見守り，実ったものを感謝して得るという考え方を弱めてしまった．たとえば，農薬を使う「消毒日」（毒をまくのを消毒というおもしろい表現をする）には集落で一斉にしないといけないとしているところも多く，すべてが一律の作業になっていて，自分の田や畑の土質や日当たり

の個性を見ながら作物を成長させるという手法は採用されなくなってしまった．農業の工業化はベルトコンベア式の工場で働く感覚で作物をつくっているような錯覚を農民に与えてしまったといえる．もっともこれは消費者にも責任がある．工業の製品のようなきれいで形が整ったキュウリやトマトの方を消費者は好むからである．

こうした傾向の反省として，いまこのような農業の工業化から抜けだそうという動きがはじまっている．その典型が有機農業運動と呼ばれるものである．

3 ── **有機農業の展望**

● ── **有機農業運動の誕生**

有機農業とは肥料にできるだけ有機物をつかう農業のことである．1950年頃までは，肥料として厩肥と人糞尿，それに加えて山や野原からの雑草，レンゲ，大豆粕，油粕，魚粕などの有機物が使われていた．そのため，あえて「有機」という用語を必要としなかったのであるが，第2次大戦後，農業協同組合の協力の下でおこなわれた政府の農業の近代化路線の遂行は，先ほど述べた農業の機械化と化学化をもたらした．肥料といえば化学肥料をさすほどに化学肥料が急速に一般化したのである．殺虫剤，除草剤が使われ，害虫たちの抵抗性が強まると農薬散布の程度をさらに強めていくことになった．

その結果，「昔から農業は，各種の職業の中で最も健康的な仕事であると言われてきたが，いまではそんなものはなくなり，むしろ最も健康的でない仕事の一種となった」と言われるようになってしまった．また，一部の農民の間で，消費者に安全な食物を供給していないという自覚が生まれてきたという．そのような状況のなかで，

有機農業への消費者の参加
都会からの消費者も農作業の一部を手伝って、農業経験をする（山形県高畠町）．

合鴨を使った有機農法
合鴨が稲の間の雑草を取ってくれる．

1970年前後に各地で自然発生的に有機農業運動がおこったのである．

有機農業の考え方

1971年，この運動の中心的役割を果たすことになる「日本有機農業研究会」が発足している．その運動の趣意書をコラムに示しておいた．そこには農薬の問題，環境破壊の問題が述べられている．ここで留意すべきなのは，この研究会の活動がたんに農家が有機栽培

に踏み切ったということではなくて，有機農業"運動"とならざるを得なかったところに現代社会における有機栽培のむずかしさがあることであろう．それは農村社会全体が農業近代化路線のなかにあり，農協を軸として農業機械メーカー，肥料・農薬の化学工業，農産物流通機構などが大きな社会機構として農村社会を覆っているからである．それに対抗していかなければならないから，"運動"となるのである．

農業機械や化学肥料・農薬などは農民が選択的に購入を減少していけばよいが，むずかしいのは流通機構である．なぜなら，既存の農産物流通機構は有機農業の生産物を受け入れるのに適していないからである．これは一般的な消費者の好みとも関連しており，規格化された大きさと形が要求され，虫食いの農産物は欠陥品となってしまう．

そこで，有機農業運動は当初から，消費者と直接的な連携をとる

Column

なぜ有機農業は必要か

現在の農法は，農業者にはその作業に因っての傷病を頻発させるとともに，農産物消費者には残留毒素による深刻な脅威を与えている．また，農薬や化学肥料の連投と畜産排泄物の投棄は，天敵を含めての各種の生物を続々と死滅させるとともに，河川や海洋を汚染する一因ともなり，環境破壊の結果を招いている．そして，農地には腐植が欠乏し，作物を生育させる地力の減退が促進されている．これらは，近年の短い期間に発生し，急速に進行している現象であって，このままに推移するならば，企業からの公害と相俟って，遠からず人間生存の危機の到来を思わざるをえない．　　　（「日本有機農業研究会結成趣意書」1971年10月，より）

有機農業の流通
千葉県の有機農家グループ自身が消費者のところにトラックで作物を運び,当番の消費者の人たちがそれを配分する.生産者と消費者が直接顔を会わせるのである(東京都町田市).

運動となっていった.生産者からいえば,「安全でおいしい農産物」は多大の労力がかかるし,また機械製品のようにいつも定期的にできあがるものではないことを消費者に知ってもらう必要がある.そのため,農業現場というものを理解してもらうことを消費者に要求することになる.それがうまくいけば生産者と消費者が相互に顔の見える関係になり,豊かな交流がみのるが,一方で,顔の見える関係はときに相互の不信を生み出すこともある.そのようなむずかしい課題をかかえながらも,有機農業は近代化を超える農業としての期待をもたれ,各地で増えはじめている.

公益的機能

ここで,もう一度広い視野から農業をとらえ直しておこう.もし農業よりも工業の方が効率のよいものであるなら,どの政府も工業に力を入れて,農作物はよその国から輸入すればよいではないか,という論理が成り立つ.しかしどの国も農業を捨てないのは,農業

がたんに農作物を生産するという以外の大切な機能をもっていることを知っているからである．それは農業の公益的機能＊と呼ばれるものである．具体的には，農業をおこなうことによって，水資源涵養，土砂流出防止，土壌崩壊防止，野生鳥獣保護，国民の保健休養，などに役立っている．そんな公益的機能を農業はもっているのである．たしかに田畑は人間の側に引き寄せられてしまった自然であるが，人間には不可欠な空間になっているのである．

この公益的機能のうち，目に見えて分かりやすいのは，東南アジアや東アジアの山間部に見られる棚田やイギリスなどのヨーロッパで見られる牧畜であろう．棚田は傾斜面の保全とともに保水の作用をするといわれている．イギリスの牧畜はナショナル・トラスト運動と結びついて，景観の保全だけではなくて，人びとのトレッキングや散歩の場を提供している．牧草地にはパブリック・フットパス（public footpass：誰でも横切ってよい通路）が設けられていることが少なくない．

> ＊農業の公益的機能：農業は農産物を産出するだけではなくて，都市民など直接農業に関係がないと思われている人たちにとっても利益があるのだということを理解してもらうために使用され始めた用語である．たとえば，全国的に棚田保全の動きがある．棚田とは，山の斜面につくられた段々状の田圃である．実際はその歴史は古く，かつては山田，沢田，谷田などとも呼ばれ，この小字名が日本人の姓名としても使われている．棚田保全のボランティアを募集するとともに補助金制度を設けている地方自治体も少なくない．兵庫県は棚田の役割は農業だけにとどまらず，水源の維持や急傾斜地での水害防止，景観保全など多岐にわたっていると判断し，農林水産部では，棚田が環境保全に果たす効果を年間 3400 億円と試算している（『神戸新聞』1997 年 8 月 12 日）．

> 1） 自然を「死んだ自然」（非生命系）と「生きた自然」（生命系）とに分けて考えると理解しやすいであろう．工業は鉱物資源に依存しており，「死んだ自然」を扱うのが得意である．農業が対象とする「生きた自然」を「死んだ自然」の手法に組み入れようとするところに無理が生じているのである．ただ現在のところ，伝

統的手法以外の方法で「生きた自然」をうまく利用するよい方法は限られている．下水処理手法のなかには「生きた自然」をうまく利用する方法（バクテリアの利用）が生かされていることがある．

2）ダイナマイト漁法をおこなう漁民たちの生業と生活の実態については，赤嶺淳（2002）が参考になるだろう．この論考は，7章のコラム（共有地の悲劇）のオープンアクセスの問題ともかかわっている．

【引用文献】

宇根豊，1996，『田んぼの忘れもの』葦書房．
中村尚司，1992，「文明史からみた農・農民」『オルタ』2号，アジア太平洋資料センター．
一楽照雄，1989，「有機農業とはなにか」『有機農業の提唱』日本有機農業研究会．
丸山真人，1996，「エコロジー批判と反批判」井上俊ほか編『岩波講座現代社会学25　環境と生態系の社会学』岩波書店．
帯谷博明，2000，「漁業者による植林運動の展開と性格変容——流域保全運動から環境・資源創造運動へ」『環境社会学研究』6号，有斐閣．
赤嶺淳，2002，「ダイナマイト漁民社会の行方——南シナ海サンゴ礁からの報告」秋道智彌ほか編『紛争の海』人文書院．

【参考文献—勉学を深めるために】

桝潟俊子，1995，「有機農業運動の展開と環境社会学の課題」『環境社会学研究』1号，新曜社．
松村和則・青木辰司編，1991，『有機農業運動の地域的展開』家の光協会（有機農業運動で有名な山形県高畠町の実践をとりあげている）．
関礼子，2003，「かかわりの自然空間」『国立歴史民俗博物館研究報告書』105集（農業，山仕事，川仕事などの生業の複合としての地域空間を阿賀野川流域で分析している）．
青木辰司，1998，「都市農村関係と環境問題」舩橋晴俊・飯島伸子編『講座社会学12　環境』東京大学出版会（近代化農業を推進した農政の課題，有機農業のもつ困難さの指摘と共に，農と人間関係の全体性の回復への展望）．
斎藤和彦，2003，「漁民の森づくり活動の展開について」山本信次編『森林ボランティア論』日本林業調査会．

嘉田由紀子編，2003,『水をめぐる人と自然』有斐閣.
古川彰・松田素二編，2003,『観光と環境の社会学』新曜社（棚田，グリーン・ツーリズム，リゾート開発など多様な事例が載っている）.
大塚善樹，2003,「『食と農の分離』における『専門家と素人の分離』」『環境社会学研究』9 号，有斐閣.
栗本修滋，2004,「地域社会における里山風景の共有と林業・森林技術」『村落社会研究』21 号，農山漁村文化協会.
猪瀬浩平，2006,「『学習』という通路——見沼田んぼ福祉農園の実践をめぐる『よそ者』論の検討」『環境社会学研究』12 号，有斐閣.

5 モデルを使って分析する

1 環境社会学のモデル

分析する道具としてのモデル

　環境社会学は対象を分析するために，いくつかの分析枠組みをもっている．それをモデルと言っておこう．とはいえ，モデルの意味は分かりにくいだろう．モデルとはいったいなんだろうか．ある対象を分析するときに，ある道具を使って分析する．その道具が分析枠組みとかモデルと言われるものである．もちろん，道具がなくても分析できることもあるが，道具があると，はるかに便利である．患者が病気かどうかを医者が診察する．そのときに聴診器とか内視鏡を使うだろう．これらが道具である．

　ただ，社会学のモデルは医者の聴診器と違って，目に見えるものではない．ある考え方がワンセットになったものである．環境問題を考えるとき，たとえばエコロジー論もひとつのモデルだ．このワンセットになっている考え方を使って対象を分析するとひとつの解釈ができあがるし，その解釈にしたがって政策もだせる．環境社会学はいくつかの有用なモデルをもっているのである[1]．

　日本の環境社会学者が最もよく使う古典的なモデルとして，「被害構造論」「受益圏・受苦圏論」「生活環境主義」「社会的ジレンマ論」の4つをあげることができよう．この4つがよく使われるのにはそれなりの理由がある．まえのふたつの「被害構造論」「受益

圏・受苦圏論」は工業や開発による，いわゆる産業公害の分析のときに有用性を強く発揮する．事実，水俣病や新幹線の公害の分析を通じて形成されてきたモデルである．他方，「生活環境主義」は自然の破壊に対する分析を通じて形成されてきたモデルで，生態学を中心として発達してきたエコロジー論（主として生態学の理論を応用した政策論）の批判の上に築かれたものである．それらに対し「社会的ジレンマ論」は，ゴミ問題や合成洗剤による水質汚染など日常生活の分析のときに威力を発揮する．

このようにこれら4つのモデルは，それぞれ得意とする対象を異にしており，われわれは自分がなにを対象にするかによって，切れ味の良い道具——それを私は"武器"と呼んでいる——を使用することになる．この武器（道具）は対象によって使い勝手が異なるし，また対象の特性によって自分なりに加工する必要がある．

これを戦うための武器だと考えれば，その改良と使用の習熟に熱意を注ぐのが当然だという気持ちが湧いてこよう．いわんや武器なしの素手で（モデルを使用しないで）戦うことはたいへん不利であることが，この比喩的な説明をすればよく理解できるであろう．

もっとも，環境社会学でよく使うモデルを環境問題の分析に使った場合，たしかに有効であることが多いだろうが，他の分野で発達したモデルを使ってもいっこうに差し支えない．比喩で説明しよう．環境社会学という分野を竹藪とすると，竹藪の中では，竹藪の中で発達した短い槍という武器は有効性が高く，都市社会学を草原とすると，草原の中で発達した長い槍は，竹藪の中では有効性が乏しい．しかしながら，竹藪もいろいろであり，竹がまばらで長い槍がけっこう使い物になる空間も間違いなくあるものである．したがって，他の分野で発達した「公共性論」や「生活構造論」，「カルチュラルスタディーズ」などが有用であることも少なくないのだ．また，社

会学に限らず,社会科学全体で彫琢してきた「市民社会論」や「近代化論」などは,環境社会学においても,常に身につけているといざというときに役に立つ.脇差しみたいなものである.

さらに付け加えておきたいのは,それぞれの対象に合わせて,その都度,適切な有効性の高い武器を身につけたいと考えるのは当然だし,それは正しいことだ.だが,たったひとつのモデルを身につけて,それをなににでも使いまくる頑固な研究者がいても,環境社会学のように政策を模索する分野では貴重な存在なのである.たとえば,鎖鎌(くさりがま)という武器がある.「竹藪の中で鎖鎌はないだろう」と周囲に揶揄(やゆ)されながらも,鎖鎌の使い手が1人,短い槍を握りしめた環境社会学者という軍団の中に恬然(てんぜん)と混じっていることは貴重なのである.ただ,この本は環境社会学の基礎をとりあつかうことが目的なので,鎖鎌の使い手にあたるモデルの分析は紹介しない.ここでは,先にあげた環境社会学でよく使うモデルがどのようなものかを理解することにしよう.

●───被害構造論と受益圏・受苦圏論

最初に被害構造論について述べよう.これは被害の実態を構造的に把握する考え方である.といっても漠然とした感は否めないだろう.じつは社会学や隣接の分野の人類学では,構造という概念はかなり多様な使われ方をしている.そのため,どういう意味の構造かが理解しにくいからである.この被害構造の場合の構造とは,被害者や被害団体の視点に立って見た場合の,その被害を構成している要因の総体をさしている.この被害構造という概念の誕生に先だって,社会学,とりわけ都市社会学を中心にして「生活構造」という概念が存在した[2].その構造概念と同じで,主体に影響を与える総体を指している.たとえば水俣病患者の被害といったとき,医学的

レベルの被害だけではなくて，そのようなレッテルを貼られた瞬間，近所から差別されるという事実があったが，このような差別も分析の大切な対象とみなす考え方である．

　被害構造論というモデルを最初につくりあげた飯島伸子は「被害構造論は，スモン裁判において，被害補償は健康被害に限定されることなく，生活全般におよぶ被害の総体を対象とすべきであるとの議論の証言に採用されている」（飯島伸子, 1998, 14 頁）と指摘している．被害構造論の実用例である．

　この被害構造論はモデルとしてはシンプルなので，モデルというよりも対象のとらえ方といってもよいかもしれない．当然，このモデルの応用として，加害構造論やその両者の関連性に視点を定めて被害―加害構造論などを考えることができよう．また，このモデルの強みは，環境社会学研究者が，公害の発生している現場に赴いたときに，最初に行うであろう調査は必ずやこの被害構造論的な分析になることであろう．それほどに社会学固有の基本的な方法である．この被害構造論については，9 章の「被害の構造」の節で改めて言及している．

　次に，受益圏・受苦圏論について述べよう．

　地域社会ではさまざまな開発が行われつづけている．そうすると，地域空間で考えた場合，利益を得る空間と，被害を被る空間とがあるだろうことが，なんとなく想定できよう．たとえば，ある場所に化学工場が設立操業されたとすると，その製品を利用する多数の消費者や工場空間で働いている人たちは，当然のことながら利益を得るが，この工場は大気や排水の汚染や騒音などさまざまな迷惑を近所にまき散らす．そうすると，工場周辺の住民には，利益は全くなくて，苦しみだけになる．いままで小魚が泳いでいた小川は死の川になり，風の向きによっては我慢できない悪臭がするというような

経験をすることになる．この利益を得る圏域を「受益圏」，苦しみを被る圏域を「受苦圏」と呼ぶならば，この2つの重なりや分離を分析することで，公害や開発問題の核心に迫れるかもしれないという考え方がこの受益圏・受苦圏論である．そして事実，このモデルは地域の開発問題の分析に多大の貢献をしている．

このモデルは舩橋晴俊や梶田孝道などによって考え出されたものであるが，その厳密な定義としては次のように表現されている．「加害者ないし受益者の集合体として『受益圏』，被害者ないしは受苦者の集合体として『受苦圏』という概念設定を行いたい」（梶田孝道，1988，8頁）．

この2つの圏域の分離の問題から，舩橋晴俊は以下のような興味深い指摘をおこなっている．たとえば，「これは公共のことだから」という公共論や，便利なことが多いから「みんながある程度はガマンをしないと」という理屈で被害を受ける人たちに合意を迫る不合理（舩橋晴俊，2001，38頁）の存在．また，「空間的にみれば，受益圏である中心部が環境負荷を周辺部に外部転化し，そこに受苦圏を作り出している．その典型例は各種廃棄物処理場の過疎地立地や，先進国への輸出に絡んだ途上国での熱帯林破壊である」（同，45頁）．これらの問題の核心をこの「受益圏・受苦圏論」は喝破しているといえよう．

また，「社会的ジレンマ」モデルは，個人が合理的な行動をすればするほど，その結果として，社会全体が非合理になってしまう現象を分析するモデルである．これは7章「社会的ジレンマとしての環境問題」で，ひとつの独立した章としてとりあげているので，ここでは詳しい説明に入っていくことは避けよう．

最後の「生活環境主義」モデルは，筆者もその形成に関わったことから，モデルはどのように形成されるものなのかを示すことがで

きる．このモデルの形成の過程をその基本思想から解き明かすことで，モデルの形成の仕方を共に考えてみる材料にしよう[3]．

●————生活環境主義の登場

社会科学のモデルはしばしば欧米のモデルの借り物であることが少なくないが，この生活環境主義というモデルは，日本での環境問題の現場でのフィールド・ワーク（現地調査）からでてきたものである．1980年頃，日本の環境問題の現場では，大きく分けると，エコロジー論に依拠して自然の生態を守ろうとする考え方と，近代技術の進歩が環境問題を技術的に解決するという考え方のふたつが存在していた．しかし厳密にいうと，このふたつだけではなくて，現場ではその地域の実情やその地域の人たちの暮らしの現状に合わせて，くふうがなされつづけてきた．そのくふうをすくい上げ，論理的整合性をもたせてモデル化したのが生活環境主義である．

1970年代の終わりの頃から，桜井厚，嘉田由紀子，古川彰，松田素二や筆者である鳥越などが共同で総合開発にからむ琵琶湖の調査をはじめた．現場に行くと，既存の政策として利用されている科学的モデルと，地元の関係者や住民たちの考え方との食い違いの大きさに驚かされた．住民や現場の行政マンが納得できるような，もう少し使えるモデルが必要だと痛感したのである．その結果，できあがったのが，生活環境主義モデルである．

この生活環境主義の考え方を明確にするために，まず，エコロジー論に立脚して，自然環境の保護をもっとも大切とする考え方を「自然環境主義」となづけよう．そして近代技術に信頼をおく考え方を「近代技術主義」と呼ぶことにする．そして地元の人たちの生活のシステムの保全をもっとも大切とみなす考え方を「生活環境主義」となづける．それぞれに「主義」という用語が入っているのは，

それがある種の「考え方」であることを示すためである．たとえばエコロジー論は「科学」であると，誰によっても信じられていたが，この「科学」を信奉し，それを政策に利用しようとしたときにそれがある種のイデオロギー（信念のともなった考え方）に転化することを無視してはいけないと思ったので，それぞれに「主義」という用語をくっつけたのである．

2 生活環境主義の基本的考え方

森林保全

　前の章までは「自然環境主義」（エコロジー論）のプラスの役割に何度か触れてきた．けれどもここでは，逆に自然環境主義のもっている限界について検討してみよう．そして，そのことをつうじて，生活にポイントをおいたモデルの有効性を検討してみる．とくにわが国や先進国の間では自然環境主義の評価が高いので，その問題点を指摘するにあたっては，ていねいに述べておかないと誤解が生じてしまうだろう．なお，近代技術主義については後でごく簡単にふれることにする．

　自然環境主義と生活環境主義を比較するための分かりやすい例として森林をとりあげてみよう．森林の保全そのものは，わが国ではたいへんながい歴史をもつ．森林破壊がすすむ現在においても，日本の全国土に占める森林率は 68％ という高率である．世界の国と比較しても，ノルウエーについで 2 番目の位置にいる．このように森林率の非常に高い国でありながら，人口が多いためにいろいろなかたちで人間が森林に介在してきた歴史をもっている．

　たとえば江戸時代でみると，幕府や藩経営の森林がある．江戸期の初期に非常に高い建設需要があり，そのときに全国的に森林が荒

廃した．そのため，江戸幕府はずっと治山治水に力を入れ，また林業増産をめざして植樹造林政策をとってきた．すなわち，江戸幕府や藩は森林の「利用」と「保全」という両面で，森林に強く介在していたのである．またもう一方で，山村に生活する村人自身による森林の「利用」と「保全」があったことも忘れてはならない．

このような保全の歴史があるにもかかわらず，最近，日本の森林が荒廃してきた．その理由として，さまざまな説明ができるが，その本質を一言でいえば，山林を保全する担い手がいなくなってきたことである．それは1970年ごろから顕著になる山村の過疎化と関連性がある．つまり，日本の森林はつねに人の手によって保全されつづけてきたのであるが，それはことばを換えれば，保全なくして日本の森林は成り立たないということである．この点をもうすこし詳しく述べよう．

日本の森林には，人の手の加わっていない純粋な原生林はないとしばしば指摘されている．すなわち，どんな山奥にいっても，そこにもなんらかの程度，人間からの影響があるというのである．おおまかには，その指摘は正しいであろう．現在，私たちが目にする森林の多くは，人の手が大きく入ったものである．私たちは松林が美しいというけれども，日本の森林は本来，松に覆われるはずはなく，ほとんどの地域においては照葉樹や落葉広葉樹が森林を覆うのが本来の姿である．

つまり日本の森林の多くは，伝統的には放置されてきたのではなく，村人などによって，利用され保全されつづけてきたのである．森林のうち，とくにしばしば利用される地域は，3章でも少しふれたが，奥山と区別して，俗に里山とよばれることが多い．人びとはそこから燃料や田畑のための肥料，山菜などの食料，建材，さらにはたとえば正月のときの門松というような象徴世界での利用物を持ち

里山の森づくり事業
子どもたちがクヌギの苗を植樹(和歌山県湯浅町)[写真提供・読売新聞社].

白神山地
日本の典型的な原生林とみなされている.

帰るというふうに,多様なものを得てきたのである.また奥山からも,ときどき建材や茸を得たり,また専業の「炭焼き」がカシやナラを伐りだしたりしていた.これが日本人の生活にとっての山であった.庶民にとって,山は決して観賞用のものではなかったし,たんに科学的な観察のために重要という性格のものでもなかった.この種の生活のために利用している森林(山)は,人びとによって禿

げ山にされることはない[4]．手入れをしながら森林を守ってきたのである．このような山を「原生林」と区別して「天然林」（2次林）とよぶことにしよう．

　自然環境主義はエコロジー論に依拠しているので，森林の生態系を大切に考える．そうすると，原生林がもっとも価値ある森林とみなされがちである．だが，知床半島とか白神山地などにみられるそれら原生林は，どんなに多く見積もっても，日本の全森林の1％に充たない．他の多くは天然林，それから天然林よりもやや少ない面積であるが，植林による人工林である．

　原生林をどう守るかというときには「自然環境主義」は有効な考え方なのであるが，日本全体の森林政策を考えるときには，このモデルの切れ味はかなり落ちる．なぜなら日本の森林のポイントは「保全」と「利用」であるからである．ことばを換えると，利用することによって，森林の破壊や崩壊を守ってきた歴史がある．そのため，森林についての政策としては森林の担い手——それは伝統的には山里に住む人たちが担っていたのであるが——をどのように確保しつづけるかという政策になる．そのためには担い手の「生活」を保障しなければならないという論理になることに気づかれよう．生活にポイントをおいて分析する生活環境主義がそこでは有効な分析モデルとなるのである．

　すなわち，分野や課題によっては，自然環境主義モデルよりも生活環境主義モデルの方が切れ味のよいことが少なくないのである．

●────**会場の聴衆者からの発言**

　自然環境主義と生活環境主義の違いを明確に理解するには，1987年にブラジルで開かれた国際会議での，次の発言がたいへん示唆的ではないだろうか．それは『地球の未来を守るために』という環

と開発に関する世界委員会における発言である．これは会議の代表者や討論者からではなく，傍聴していたフロアの人からの発言であることに注目して欲しい．

「あなた方は生活（life）についてほとんど議論をしないで，生存（survival）について多くを語りすぎています．生活の可能性が無くなったときに，生存の可能性（生き残れるかどうかということ）が始まるということを忘れないでおくことがたいへん重要なのです．そしてここブラジル，とくにアマゾン地方においては，人びとはいまだ生活をしており，その生活をしている人たちは，生存のレベルにまで落ちたくないと思っているのです」．

つまり，熱帯林破壊によって，そこにいる人たちが住めなくなったらどうするのか，開発によって熱帯雨林にいる動物や植物が減ったらどうなるのかという生存レベルの話がおこなわれていた．けれども自分たちは，アマゾン流域ではもう生きていけなくなるという生存の問題で議論なんかしてほしくない．妻や子どもがいて，コミュニティがあって，そこで幸せに暮らすにはどうしたらいいのかを考えてほしい，自分たちの生活が幸せになる方向の模索をこそ議論してほしい．それが，この発言の真意なのだ．生存レベルの議論には，人間の幸せな生活をどうしたら維持できるのか，という問題は視野に入らないのである．

このフロアからの指摘のように，世界の多くの環境問題の討議のポイントは，生存レベルでの議論である．エコロジー論が世界の環境政策でしばしば採用されているといったが，エコロジー論は2章で指摘したように，生物学の一分野である生態学の理論を使っている．生物学は基本的には生物の生存レベルに関心があり，その結果，当たり前のことだが，それが（たとえばカエルが）幸せかどうかという生活レベルのことについては関心がほとんどない．このことは

熱帯雨林での生活
少女でも丸木舟の操作はたいへん上手だ．ジャングルの中で小さな畑をつくったり，河でカニをとったりして生活している（グアテマラ共和国・イザバル地方）．

　生物学（生態学）の責任ではないが，それを借用した環境政策としてのエコロジー論（自然環境主義）は，生物学と同じレベルで人間を見てしまったという問題点があり，先の会議ではその問題点を地元の住民から指摘されたのである．つまり，イヌワシが森林で生存できるかどうか，という課題と同水準で人間を対象にしたということである．

　日本の社会学は，実は人びとの生活分析を得意としてきた伝統がある．生活環境主義というのは，日本の伝統的な社会学の財産を基盤にしてできあがったモデルであるという言い方もできるものである．

　もっとも，注意しなければならないのは，そもそもモデルというものは対象によって切れ味がよくなったり（有効に使えたり），切れ味が悪かったりするのである．たとえば，先にふたつめのモデルとして掲げた近代技術主義は最近評判があまりよくない．近代技術

が環境破壊をもたらしたので,環境の分野ではかなり信頼度が落ちている.膨大な予算を使って,住民が望みもしないのに川の両岸と川底をコンクリート化(3面コンクリート)するというようなことを平気でしてきた歴史があるからである.しかしながら同じ川を例にすると,河川の多自然工法*は使い方によれば,環境保全に有効な役割をはたすこともできる.モデルは対象とする分野とそれを使う人によって有効性が左右されることに留意して欲しい.モデルは道具なのだから,たったひとつの道具ですべての環境問題を片づけようとするには無理があるのである.

ところで,この章では,「被害構造論」など環境社会学のモデルについて説明をしたが,「生活環境主義」については,モデルの形成のプロセスを理解してもらうために,その基本的な考え方を説明するだけに止めてしまった.現実の分析水準の説明は次章で章を改めて述べることにしたい.

*多自然(近自然)工法:河川の護岸や道路の路肩などの土木工事をするときに,従来のコンクリートなどの素材に代えて,できるだけ木や草などの植物,自然石などを使用して自然に近い状況を再現する工法.そのことによって,虫や小動物の生息も可能になる.

1) モデル(model)のことを研究者によっては,パラダイム(paradigm)や理論(theory)と呼ぶこともある.もっとも,モデルやパラダイム,理論という概念自体が社会学者によってさまざまな使い方があり一定していない.モデルは具体的な事実を記述したものではなくて,現実を分析するための抽象性と論理性を持ったワンセットを意味するが,そんな定義をしてもなんのことか不明瞭であろう.ここでは,モデルが「分析のための有効な道具」という理解だけで十分である.以下でモデルの具体例を示していくので,それによってモデルというのはどのようなものか理解できると思う.
2) じつは「生活構造」という概念自体も,その目的によっていくつかの定義がある.とりわけ倉沢進を代表的論者とする個人の

視野にたった構造概念は，1970年代の地域研究に大きな影響を与えた．それは村落の社会構造という用法のような，複数の社会関係の比較的安定した構成物を指すのではなく，個人そのものに視点をあてているところに特色があった．生活をしている個人がさまざまな集団や文化と関係性をもって存在している事実の分析に主眼がおかれている．この時期の生活構造論の代表的なテキストとして，青井和夫・松原治郎・副田義也（1971）がある．

3）なお，これらのモデルについては海野道郎（2001）にも詳しく説明されている．併せて目を通すと理解が深まるであろう．

4）ただ，その森林の担い手である集落の人たちが極端に窮乏化したり，監視をする集落の力が極端に衰えると，最初に入会林地の収奪がはじまる（千葉徳爾，1991）．かれらの生活の崩壊は森林をも崩壊させるのである．かつて（そして一部には現在でも）日本の各地に，いわゆる禿げ山が見られたのはそのためである．

【引用文献】

The World Commission on Environment and Development, 1987, *Our Common Future*, Oxford University Press.（環境と開発に関する世界委員会編，1987，『地球の未来を守るために』福武書店）．

飯島伸子，1998，「環境問題の歴史と環境社会学」舩橋晴俊・飯島伸子編『講座社会学12 環境』東京大学出版会．

梶田孝道，1988，『テクノクラシーと社会運動』東京大学出版会．

舩橋晴俊，2001，「環境問題の社会学的研究」飯島伸子・鳥越皓之・長谷川公一・舩橋晴俊編『講座環境社会学1 環境社会学の視点』有斐閣．

青井和夫・松原治郎・副田義也編，1971，『生活構造の理論』有斐閣．

海野道郎，2001，「現代社会学と環境社会学を繋ぐもの——相互交流の現状と可能性」飯島ほか編『講座環境社会学1』有斐閣．

千葉徳爾，1991，『はげ山の研究』そしえて．

【参考文献——勉学を深めるために】

飯島伸子，1984，『環境問題と被害者運動』学文社（日本の環境社会学の古典的な文献であるとともに，被害構造論を理解するための必読書でもある）．

飯島伸子・舩橋晴俊編，1999，『新潟水俣病問題——加害と被害の社会学』東信堂．

鳥越皓之・嘉田由紀子編，1984，『水と人の環境史』御茶の水書房

(これも日本の環境社会学の古典的な文献であり，人びとの意志決定の背景に歴史的時間軸を入れる必要の自覚から環境史という表題になっている).

鳥越皓之編, 1989,『環境問題の社会理論――生活環境主義の立場から』御茶の水書房.

平岡義和, 1996,「環境問題のコンテクストとしての世界システム」『環境社会学研究』2 号, 新曜社（被害・加害構造, および受益・受苦関係が途上国間に生じつつあることを指摘している).

6 住民は自分自身で環境を決められるのか
生活環境主義モデルの適用

1 ── **住民の主体性**

● ── 誰が決めるのか

　誰でも自分たちが住んでいる環境を少しでもよくしたいと思っている．けれども，誰がその環境の良し悪しを判断すればよいのだろうか．「政府や行政」の指示に従っていれば，うまくいくものなのだろうか．あるいは「科学や技術」を信頼して，その論理に従っていけばよいのだろうか．それとも，そこに住んでいる自分たち自身，すなわち「地元の住民」の判断が一番まちがいがないのだろうか．
　このように3つをならべて考え直してみると，この3つのうちのどれかひとつを選ぶのは，本当はなかなかむずかしい．それぞれに長所と欠点があるからだ．しかし，あえて選ぶとすれば，「参画と協働」が叫ばれる近年の傾向からして，「地元の住民」が優先順位の一番になるのではないだろうか．行政や科学者からサジェスチョンを得るとしても，自分たちが住む環境を自分たち自身が判断するという基本線を確立することが大切だからだ．しかし問題は，地元住民の判断がそれほど信用できるのか，という点である．それはことばを換えると，それほどに地元住民は自身の主体性を確立しているのか，ということでもある．この住民の主体性というむずかしい課題をこの章で考えることにしよう．
　ただ幸いなことに，生活環境主義というモデルは住民の生活を分

析するためのモデルでもあるから，住民の意思決定のメカニズムに関連させながら主体性についても説明をしてくれる．本章では生活環境主義モデルの一部を使って，この課題に迫ろう．そのことによって，前章ではその基本的考え方に説明を止めていた生活環境主義の特色がもう少しあきらかになるだろう．このモデルは長年の現場での分析の経験を基礎にしているので，住民をそれほど理想化していないし，そのうえでなお，それでも住民に信をおいている点が特徴である．

●───言い分の形成

　生活環境主義モデルでは，紛争での分析経験から，個人の価値の分析よりも，その個人が所属するグループが共有する論理の分析の方が大切だという立場をとっている．その考え方を述べよう．

　地域社会で開発問題など「問題」が生じたときに，住民はそれぞれの意見を述べることになる．それは困ったことだとか，子どもたちにとって迷惑だ，これで賑やかになる，など，その意見は元々は多種多様である．ただ「意見」といっても，実際は自分の意見をその時点で論理的に述べることができる人の数はたいへん限られる．ほとんどはそんな感じがするという「感じ」レベルの意見である．とくに問題が生じた当初はその傾向が極端に強い．

　それが次第に論理性をもった自分の意見となってくる．けれども注意しなければならないのは，それは自立した自分の意見ではなく，自分が所属している反対グループや賛成グループなどのグループの「言い分」が「私たちの意見」というかたちで示されることが少なくない事実である．そして，他のグループに属する"あちら側の人たち"はまた別の意見をもっているのである．地域によってさまざまな表現があるが，"私たち"と"あちら側の人たち"という言い

方を各地で聞く．そしてそれぞれのグループにおいて自分たちの「正当化の論理」（自分たちの考えを正しいと主張する論理）をつくり始める．この正当化の論理をここでは「言い分」と呼ぶことにしよう．

ところで，この「言い分」というものは，どのグループもスローガンで表現すれば，「この地区の生活環境の維持」というような，ありふれた内容のものである．しかし，「言い分」とは，このような内容よりも，どちらかというと「立場の相違」が生み出すものである．たとえば，あるところで，住宅団地のはずれの小さな林をなくして，そこに駐車場と，駅へ近距離でつながる歩道のついた自動車道を設置する計画がもちあがったことがあった．部屋の窓から緑の林の風景を楽しんでいた人たちや林のなかをよく散歩していた人たちが反対運動をはじめたが，一方ではこの開発を心待ちにしていた住民やこれによって利益を得る地主たちもいた．主要には「立場の相違」で意見が異なるのである．そこで，賛否両者がそれぞれ説得的な論理をつくろうとする．それが「言い分」である．

もっとも，各グループは，戦略上，個別の露骨な利害的表現は「言い分」のスローガンから外す．そして，たとえば「地域の活性化につながる土地の有効利用」とか「子どもや年寄りが暮らしやすい街をつくろう」というような自分も他人も納得できるスローガンをつくりだすことになる．

すなわち「言い分」は，正当性を求める論理であるとともに，戦術色があるところに特色がある．また「言い分」は，個人の論理ではなく，メンバー内の人たち全員に共有された論理でもある．そしてそのメンバーは，本来自分自身がもっていた考えよりも，自分が属するそのグループの論理をそれ以外の人たちに説明しはじめる傾向が強い．論理はグループ内で共有され，各人を拘束する性格をも

つ．このような論理はもちろん行政やマスコミや開発業者などの外部からももたらされるが，住民は外部からの論理は一度咀嚼して自己の内部の言い方に変えて用いる（よいキャッチフレーズならば，その用語をそのまま使うこともある）のが普通である．したがって，「言い分」とはグループの内部規範として作動する．

● 現実の住民の主体性

　住民のひとりひとりを取り上げてみると，住民は自分の"本当の意見（本心）"を歪めることもある．その原因は，親戚や仕事上の「人間関係」が悪くなるのを避けるためであったり，また，自治会などの住民団体のリーダーの判断に異を唱えることは組織上ギクシャクするといった「組織」の問題であったりする．これはその場所で生きる知恵としてはあるいは当然かも知れないが，ともかくも，このような「人間関係」や「組織」が個人の意見を歪める側面がある．

　これはいわば摩擦を避けるための，どちらかというと，受け身的に，また消極的に意見を変えるものである．もっともこの段階では，まだ住民の意見は社会のなかである影響力をもつ形で表面にはでていない．ところが「言い分」は社会的な影響力を与えるために形成されるもので，各個人は自分の意見をみずから積極的に変えていく．

　すなわち，地域の違いや紛争の性格により強弱はあるものの，原理的には紛争期における立場の違いの論理として「言い分」の論理が一番強く作用する．したがって，住民の意見というものは個人の個別意見（あるいはもともとの本心）ではなくて，「言い分」を形成するグループの意見として表面に浮かび上がってくるのである．そしてこの「言い分」こそが，現実の「住民の主体性」とよばれる意見となって行政や開発業者に影響を与えるものである．この事実は大切である．

一般的には，住民の主体性が真に問われるのは当該地域内で紛争化した場合であり，紛争化した地域は複数の「言い分」をもったグループに分かれている（グループに入っていない地区住民の多くは「無関心層」か「関わりたくない層」）．そして，住民の意見を最も大切にして施策を実行するということは，有力な「言い分」グループの意見を採用するということに等しい．そのことが，はたして主体性をもった住民の意見を反映しているということになるのであろうか．

　すなわち，住民主体性論（市民自立論）は抽象化して論じる場合は結構な主張なのであるが，いま説明したような現実があることを忘れてはならない．したがって，このような事実を十分理解したうえで，望ましい住民主体性を実現する道を模索する必要がでてくるのである．

2 ── 主体性の確立

── 3つの行為規準

　むずかしいのは，紛糾地では住民は複数の「言い分」グループを構成するのが常態であって，住民が必ずしもいつも一枚岩ではないということ，また，住民はさまざまな属性から成り立っているので[1]，そのリーダーがいつも"賢い選択"をする保証はないということ，この2点の問題である．

　たとえばある地域で住宅開発が行われたが，そのとき，地元の元農家の地主たち，地主から土地を借りている商店街の人たち，団地に住んでいるサラリーマン世帯の人たちという属性の違いがあった．地域により違いがあろうが，一般論としていえば，一番影響力があるのは元農家の地主グループである．彼らは通常，市町村の議員や

行政職員とも人間的な強いつながりをもっているからだ．また，ある属性をもったリーダーは他の属性をもった人たちからの圧力を受けつつその判断をすることになることもある．ここでは商店街のリーダーは土地の貸し主の地主のグループからの圧力を受け，自分たちの元々の考えを捨てざるを得なかった．したがってリーダーはその地域全体にとってプラスになる判断をしてくれるという保証はない．

たしかに最近の傾向として，各地方自治体は市民参加を望ましいものと考えて，住民の意見を重視する施策をとっている．だが，前述のような状況下において，住民の主体性というものをどのような分析軸を使って理解したらよいのだろうか．

理論社会学者の作田啓一は現代社会において人びとは3つの行為規準にもとづいていると指摘した．それら3つを，有効性（効率性）を重視する「有用規準」，価値観を重視する「原則規準」，他の生命体とのシンパシーを重視する「共感規準」と名づけている．いままでの行政による地域政策は，効率性を第1とし，状況によって，社会に共有しているであろうと想定される価値観に目配りをしていた．それらは作田のいう「有用規準」と「原則規準」にあたる．もうひとつの「共感規準」は今後の変革を期待するとしても，現状では行政としてはその官僚機構としての性格上，採用しにくいものであった．

この「共感規準」はいままで軽視されつづけてきた．しかし考えてみれば，共感というものは地域環境をよくしていくためにはたいへん重要なものだ．業務上「有用規準」を第1としながら「原則規準」に配慮する行政とは異なり，住民は当該地域に住んでいる"当事者"であって，官僚機構的な拘束をもっていないのである．そのため，この「共感規準」を強調する自由をもっている．また，自分

たち住民の共通の価値観としての「原則規準」も再確認する自由をもっている．その意味からも住民の役割は大きいし，住民の感性や価値観が強く期待される．

このように考えてくると，住民が主体性をもって判断をするということに問題点があることは認めつつも，そしてそれを当面のゆゆしい問題として十分な配慮をしながらも，それでも，「共感規準」や「原則規準」を包み込んだ住民の権利が保障される論理を私たちは形成しなければならないのではないだろうか．そのためには，いま一歩，歩を進めて，地域住民として主体性をもって判断をする「権利がある」と住民みずからが主張できるに足る論理を現実の動向から形成する必要があるように思われる．その権利のうち，地域の環境において，もっとも分かれ目となるのは，決定権の論争なので，それの論理について次に考えてみよう．

Column

コミュニティ・アイデアの働き

コミュニティの側からアイデアを出すことの重要性をこのコラムは示している．以下に少し無理をしてカッコの中に作田啓一の3つの規準を当てはめてみた．作田の意図と少しばかりズレるが，地元の意見の生かし方の例は示されていよう．

　　　　　　＊　　　　　　＊

六甲山系の東端の宝塚市の逆瀬台の山に，兵庫県は砂防工事をしましたが，それだけではなく，健全なレクリエーションの場として地元の住民が山道を散歩できる散策路をつくりました．けれども，地元の住民のほとんどはそれを利用しませんでした．なぜなら，地元の住宅地からその散策路に入る方法は，距離的には近道（有用規準を満たしている）であるものの，マンションの敷地

とも思える空間を通り，さらにその先に自由な進行を妨げるフェンスがあって，その端についている扉を押すと散策路のある山の方へ入れるというものでした．それは，地元の人の言葉を借りると「心理的に抵抗のある」ものでした（共感規準を満たしていない）．

それに対し，地元の住民は砂防工事をした川の堤防沿いの細い空間を見つけ，そこを入り口への通路とし，さらに歩く楽しみを増すために，それに沿ってコスモスなどの花を植えました（共感規準の増大）．それだけではなく，この入り口を設けたことで散策路自体も既存の散策路と結びつける別のルートをつくるように県の土木事務所と交渉をし，土木事務所もそれを快く受け入れ，新しく散策路の工事をはじめました（原則規準の再確認）．

つまりは，「死んでいた散策路」が「生きた散策路」になったということで，それが地元の住民の意見によるものだということです．こういうと「なんだそれだけのことか」と思われるかもしれません．けれども，じつはひとりの住民が県の土木事務所に要請したとしたら，土木事務所はそれを受け入れることは通常できません．その前史として，宝塚市では市と市民が協力して10年近くをかけて「まちづくり協議会」というコミュニティづくりをつづけてきた実績があり，そこでコミュニティとしてのアイデアを出し合ってまちづくりをしていたのです．

この「まちづくり協議会」は既存の自治会などの住民組織と異なり，「自分たちがコミュニティをつくる」という意志の結集としてできあがっているという特徴を持つところが新しいタイプの社会組織なのです．つまりは，アイデアというのは個人から出てくるものだけれども，それをコミュニティ内で共有し，そしてコミュニティとしてのアイデアとして提示されたときに，初めてそれは力になるのです．またコミュニティ自体がある種の計画権を獲得するのです．　　　　　　　　　出典：鳥越皓之（2001）．

3 ──── **住民が生活する権利**

● ──── **共同占有と共同管理**

　生活環境主義モデルは所有論をもっている．それは私的所有よりも，共同占有にポイントをおいているところに特色がある．

　人びとはある国，ある地域に住んでいるわけだが，慣習として共同で管理や利用という形で関与しつづけてきたという事実にもとづいて，独占的にその地域の土地の利用や改変，また処分について権利をもっていることがある．

　たとえば，3章でも取りあげたイギリスのナショナル・トラストの運動が比較的うまくいった理由として，イギリスには歴史的なストック（蓄積）として，「利用権」があるからだと指摘する研究もある．いろんな人の私的所有権が入り交じっている畑や牧場や野や山を自由に散策したり，山菜を採ったりできるのは，そこの住民には利用権があったからだということである．そしてそのような伝統的な利用権が確立していたにもかかわらず，その権利が喪失されはじめた．その時点での権利回復運動としてのナショナル・トラストがあったというのである．

　日本においても伝統的に各村が入会権をもっていたが，これも利用権である．この種の入会権は日本においては古い封建的なものとみなされがちであり，近代化を達成した西洋などにはこの種の前近代的なものはないと思われてきた．しかしいま述べたように，最近の研究では現在も類似の利用権がイギリスでも存在しつづけていることが分かってきた．

　日本の利用権を研究している地域社会学者・中田実はいま述べたような利用権を「共同体型」とよび，それ以外に最近の新しい傾向

パブリックパス
湖べり側の私有地の牧草地に設けられたパブリックパス（public pass）を散歩する人たち（イギリス）．

として「共同管理型」があると指摘している．それは具体的には，学校，文化・スポーツ施設などの利用をさし，地域社会ではこの種の施設の利用の主導権が「利用者」に移りつつあり，利用者の共同管理的傾向が強められてきたという．すなわち，「不特定多数」の利用者の要求が利用秩序を規定しはじめているというのである（中田実，1993）．つまり，平たくいえば，"持っている"者よりも"使う"者が地域社会において秩序を規定しはじめているということである．生活環境主義では，これと類似のことを利用権とよばないで「共同占有権」とよんでいる．

共同占有権とは，特定の地域（自治会範域程度が一番多い）に居住する住民が慣行として「利用している」という事実を論拠にして，当該地域を共同して占有している事実をさす．それは農村地域によく見られるものであるが，その共同占有の権利が慣行として大都市でも顕現する事実に私自身が気がついたのは環境問題の生じている

現場でのことであった．紛争の現場から環境権*という主張が出され，実際に大阪空港騒音訴訟などの住民訴訟で環境権が具体的な法的請求権として認められるか否かが争われた．だが，現在のところ環境権は法的権利として認定されていないといってよい．

ところがその一方で，生活環境が悪化している現場において，住民たちの要求が，若干のいざこざはある

大都会の川で子どもが遊べるようになった（神戸市）．

ものの，スンナリと行政および開発業者に認められるといった，住民の主張が通るケースも少なくない．そのようなケースはどのような論拠に基づいているのかを検討したところ，それらに共通する論理が浮かび上がってきた．それがここでいう「共同占有」の論理なのである．そしてその論理をよく見直してみると，イギリスの場合と同じようにその権利がわが国の歴史的ストックとして存在していたのに気がついた．

たとえば，ある大都会で川をきれいにし，住民が親しめる川にする運動があった．行政との数年にわたる交渉の末，住民組織がねばり強い運動をしてその川をきれいにし，子供たちが夏に水遊びができるまでにした．そうなると，その河川の改修を行政がしようとしても，実質的にはこの組織の同意なしでは到底できなくなってしまった．つまり「これこれの改修をしたいと思うがどうか」という意見をその地元の組織に問う必要が生じてしまったのである．もちろん，法的理屈だけでいえば，行政は管理権を楯にとって，同意なしに改修ができると言うことも可能だが，実際は，知事・市長も担当

部局もそれほど形式主義ではなく,この手続きを踏むことになるのである[2].

このような現象を,地元の住民が共同で川に占有権をもってしまったとよぶのである.この占有権という用語は利用権よりももう少し強く所有権に近い概念である.こうした共同占有権は行政用語を真似ると"網掛け"（規制権限）という性格のものである.

住民が網掛けとしての共同占有権をもっているという事実は,視点を変えると住民がゾーニング（区画を決めること）の権利をもっているともいうことができる.このようにゾーニングという視点を採ると,たんに権利を主張する住民という位置づけにとどまらないで,地域計画を策定する主体としての住民という位置づけも生まれてくるのではないだろうか[3].

> ＊環境権：良好な環境を享受し,保全する権利のことである.人間が快適に生きていくために必要な環境が保障されない状況が生じたときに,環境権という用語が生まれた.たとえば,騒音や振動が激しいとか,いままで享受してきた住宅周辺の良好な緑の環境が破壊されたときに,住民は環境権という権利を主張して環境保全や改良の運動をすることがある.しかし現在のところ,環境権は企業などの活動を差し止めることができるというような意味での法的権利としては十分には確立していない.ただ地方自治体の条例などで環境権の存在を認める表現がある.

生活システムと創造性

生活環境主義モデルにおいては,基本的に生活システムを守れるかどうかということを基準にして,環境課題の判断をしている.したがって,エコシステムを守れるかどうかという自然環境主義とは判断基準が異なることになる.

私たちはたったひとりで生きているのではなくて,家族やコミュニティというような生活システム（生活にかかわる社会システム）

のなかで生きている．環境を考えるときも，それがどんなにすばらしい考えだったとしても，たったひとりではなんにもできない．いくつかの生活システムの重なりや連携のなかで環境問題も解決されていく．

　生活システムはまた歴史や文化をもっている．私たちは生活システムのなかにいて，日々暮らしているわけだから，このような生活システムから拘束を受けている．生活システムが歴史や文化をもっていることにより，私たちはある活動をしようとするときに，ときたま歴史や文化から拘束をうけていることを感じて，それを封建的だとか日本は遅れているという表現をすることがある．しかしながら，多くの場合，歴史や文化はそこに住んでいる人たちが共通に認めているものなのである．したがって，それはゲームのルールのようなものである．ルールは活動の拘束のようにみえる．しかしルールがあるから，全員が納得してスムーズに楽しめるのである．他の人が同意してくれなくてはどんなすばらしい環境問題の解決策も机上の空論になる．多様な住民の多くに納得してもらうためには，生活システムを重視しなければならないのはそのためである．したがって，生活システムの存在を拘束とのみ受け取るべきではないだろう．そして，もしそれが拘束と全員が感じはじめたらそのシステムの内容を変えればよいのである．自分たちが意図的に変えられるというところが，自然的要素群から成り立っているエコシステムと異なる点である．全員が楽しめる地域づくりという創造性に向かっていき，それによって，地域社会組織や文化が時代とともに変わっていくとしても，それはなんら差し支えないことである．

　　　　1)　年齢や性別や地主，趣味のグループのメンバーなど，その個人
　　　　　の特徴を示す社会的な性質が属性である．ただ，現場においては，

個人は自分のどの属性を強調するかで,個人の属性が動くことがあり得るし,また,それがときには,ある人のAという対立グループからBグループへの移動の契機になりうる.また,このようなモデルを適用して説明していても,純粋に個人の考えだけで行動している人の存在を否定するものではない.ただこのような人は通常は現場での影響力が小さい.

2）これは現行の法の体系の表面に出てこないので,少し分かりにくいかも知れない.そこで私の個人的で身近な見聞きを紹介しよう.私の親戚の医師が永年勤めていた公共の医療機関を定年退職した.そこで,同じ県内の田舎に引退して悠々自適の生活を送ろうと,地目が山林である土地を住宅地として購入しようとした.地主は自分は売りたいのだが,集落の許可がいるので少し待って欲しいと言った.集落の寄り合いで諮った結果,この集落には医者がいないので,夜だけでも診療してくれるならよい,という条件付きで許可が出た.当の医師はその条件を喜んで呑んで,事は平和裡に解決したのであるが,ここに私たちが考えるべき事柄が内包されている.

そもそも所有権は,処分権と利用権から成り立っている.処分する自由と,そこを利用する自由である.ところがここでは所有権の要である処分権において,法的にまったく権利をもってないと思われている集落が関与している.地主は数字では出せないが,半分程度の処分権しかもっていない.この現実はそこでの歴史上のストックの上に存在しているのである.水利や墓などの問題があり集落の意向をまったく無視しては,そこでの農業生活が成り立たないことを全員がよく知っているからである.すなわち,コミュニティ（ここでは集落）が現実の生活の場において,個人の私的所有権や行政の管理権に介入できる権利をもつことがしばしば成り立つ.そこには共同占有権が作動しているのである.

3）生活環境主義モデルにおいて,利用権と言うよりも,ほとんど同じ意味なのに,共同占有権という言い方をなぜするかというと,それには明確な理由がある.紛争の過程で,住民が地方自治体（政府）と話し合うとき,政府がもっている所有権（国有）,地方自治体がもっている管理権（実質上の所有権）や個人やある組織がもっている私的所有権に対抗するために,利用権を主張しても,利用権は所有権の下位と位置づけられ,所有権に従うものであるという解釈がしばしばなされてしまうからである.それにたいし,住民は伝統的に（法律的な言い方をすると,「事実上の慣習」として）,共同占有権をもっており,現行法が必ずしも関係する地域

住民たちの公益に一致していない，という論調がしばしば説得的なのである．ただし，共同占有権は司法の論理でよりも，行政の論理（行政裁量）としての方が説得的である．首長や議員，行政職員はいわゆる地元出身の人が多く，地元ではそれぞれの必要に応じて，共同占有権がルール化されている事実を知っているからである．

なお，少しばかり専門的過ぎるが，以下に定義に関わって厳密な説明を加えておこう．共同占有とは，現実に共同で支配権をもっている事実を根拠とする権利である．そして，現行の法律の所有概念ではこの支配権は所有の要件ではないので，占有と所有は相互に抵触するものではない．そのため，環境政策として，共同占有権を強化してもそれが直接に所有権の否定に結びつくものではないので有効に機能することが多い．また，わが国では，実態としては，共同占有権が所有権の一部を犯すことが正当であることが認められる慣習が各地にある（ひとつ前の注に事例が示されている）．この慣習は環境保全の政策としてしばしば活用できることがある．

ところで最近は，住民自身が地域計画に参与することを行政は鼓舞しはじめた．その結果，管理や利用という形で継続的に関与することで成立するという共同占有権と性格的に同じ権利が，歴史的ストックとしてよりも，「住民主役」という発想から新しく生まれつつある．計画をした住民たちの青写真とまったく異なった公共事業を行政はしにくくなってきたのである．というよりも，行政自体が積極的に，住民に判断権（支配権）を譲りはじめていると表現した方が正確かもしれない．これは共同占有権の21世紀型といえるかもしれない．

【引用文献】

平松紘, 1995, 『イギリス環境法の基礎研究』敬文堂.
作田啓一, 1993, 『生成の社会学をめざして』有斐閣.
中田実, 1993, 『地域共同管理の社会学』東信堂.
鳥越皓之, 2001, 「地域社会の環境づくりを生かす市民力」加藤尚武編『図解 スーパーゼミナール環境学』東洋経済新報社.

【参考文献―勉学を深めるために】

鳥越皓之, 1997, 『環境社会学の理論と実践――生活環境主義の立場から』有斐閣（この章では生活環境主義モデルの分析方法のすべてについて述べる紙幅がなかった．本書で補っていただきた

い).

嘉田由紀子, 1995, 『生活世界の環境学』農山漁村文化協会.
古川彰, 2004, 『村の生活環境史』世界思想社.
松田素二・古川彰, 2003, 「観光と環境の社会理論」古川彰・松田素二編『観光と環境の社会学』新曜社.
山室敦嗣, 1998, 「原子力発電所建設問題における住民の意思表示——新潟県巻町を事例に」『環境社会学研究』4号, 新曜社(紛争の場で住民が自分の意見をあからさまに表現しないのがふつうであるが, それがどのような過程で意思表示をしていくのかを分析している. この論文と同じ巻町を対象とした長谷川公一による分析がある(長谷川公一, 2003, 『環境運動と新しい公共圏』有斐閣, 9章). 長谷川の論文は社会運動論的分析であり, 政治的機会構造, 動員構造, 文化的フレーミングという要因に注目した完成度の高いものである. 生活環境主義モデルを使った山室の論文と読み比べてみると, 方法論の差異によってそれぞれが固有の意味ある発見をしていることに気づかれよう).
井戸聡, 1999, 「地域社会の共同性の創出——徳島県の環境問題の経験から」『ソシオロジ』43-3, 社会学研究会.
江南健志, 2007, 「林業従事者が問う環境正義——三重県熊野市の『伝統』林業の事例から」『ソシオロジ』52-2, 社会学研究会.

7 社会的ジレンマとしての環境問題

1 ── 社会的ジレンマ論のアイデア

● ── 社会的ジレンマとは

　ゴミを気軽に捨てるとか，平気で汚れた家庭排水を流すとか，違法駐車とか，そういう類のことは，私たちが身近に見ることである．自分1人ぐらいが注意を怠っても別にどうということもないという気持ちがそこにあるからだろう．しかしながら，自分にとってはそうした方が都合がよいかもしれないが，もしそれを全員がしてしまうと，とんでもないことになる．それが社会的ジレンマである．

　社会的ジレンマの定義には幅がある．たとえば「個人が自分自身にとって合理的な選択をすると，全体としては非合理なことになってしまうメカニズム」とか「個人個人が集団に対して非協力な方が自分に利益があるので非協力な選択をすると，集団全体としては不利益になる現象」とかである．それを環境問題にひきつけて分かりやすく言えば，社会的ジレンマとは，「ひとりひとりが自分勝手な行動をすることによって，結果として，自分も含めた全体としてはたいへんな迷惑がかかる現象」ということである．

　このようなことは社会にはいくらでもあるので，社会的ジレンマの研究は社会学に限らず，社会心理学，政治学，経済学など，さまざまな分野で探究されている．社会学の分野では数理社会学者が社会的ジレンマについてすぐれた研究蓄積をしてきた．環境社会学の

分野でも，次の章で取りあげるゴミの研究などに注目すべき研究がある．

ただここでは，多岐にわたり，多様な論争がある社会的ジレンマ論の論争史の深みには入っていかない．社会的ジレンマ論を環境問題の場で使う一例を示して，このモデルの実態を理解してもらうとともに，その応用の方法について考えることにしよう．

私は以下に紹介するような形で，社会的ジレンマ論をヒントにして，最近の環境問題の構造的特徴を整理し，その解決策を探る道を考えている．その例を示すことで，社会的ジレンマ論そのものの理解と併せて，明治期以降の環境問題の歴史的変化を構造的に把握してもらうことになるだろう．このモデルを使用してみると，環境問題の歴史的変化が歴史学からのアプローチとはかなり異なった，いわば構造的な分析になっていることに気づかれよう．

2 ── 3つの環境問題と社会的ジレンマ

環境問題は古くからあったのだが，明治期の産業革命以降に公害という名前のもとに多くの人たちに注目されるようになってきた．明治期から現在までさまざまな環境問題があったが，とくに人びとの身近な生活にかかわる環境問題でみると，1970年代以降は，構造的に異なった，つまりかつては予想もしていなかったタイプの環境問題が生じはじめた．その流れとタイプをみてみよう．

── 産業公害

遠くは足尾銅山の公害，近くは水俣や四日市の公害が産業公害の代表的なものである．これらの公害は農民や漁民，住民に多大な被害をあたえた．それらについて加害者が誰で被害者が誰であるかということをめぐって，長い紛争があったことは事実である．とはい

え，誰が加害者で誰が被害者であるかは，経験的には誰の目にもあきらかであった．ただ，加害者にあたる特定企業が加害事実をなかなか認めなかったり，加害事実を軽く見積もりすぎたために紛争が長引いたのであった．また，被害の事実を厳密な医学・疫学論にもち込んだ（たとえばある人が喘息になったのは，特定企業による大気汚染が原因なのか，その人の生まれもった体質など他の要因か，などの論争）ためであった．ともかくも，加害者，被害者が明瞭であったのは事実である．

それはアメリカの西部劇のようなもので，悪人と善人が明確であったのである．構図があきらかなので，世間もマスコミも自分をどちらの側に置くかは苦もなく選択できた．こうして私たちが，産業公害イコール環境問題であると理解する時期がしばらくつづいた後，これらの産業公害がその深刻度を減らしてきた1970年代の頃になると，日本の環境問題は終焉したという人たちまでが出はじめた．

●————迷惑公害

しかし同じ1970年代頃から，性格のまったく異なる生活公害が出はじめてきた．それは日照権，騒音，悪臭などの迷惑公害である．もちろん人間は生きているかぎり，大なり小なり他人に迷惑をかけるものだが，この時期に迷惑公害意識とその事実が急速に増大するのである．たとえば，新聞紙上で「隣のピアノの音がうるさい」など，さまざまな身近な迷惑についての読者からの記事が目につきはじめる．私自身，ある市における市民からの請願，陳情*を年代を追って調べたことがあった．やはり，この1970年代に迷惑公害に関する請願，陳情が増大していた．

経済の高度成長のあおりを受けてであろうか，この時期に日本各地のいわゆる伝統的なコミュニティが目に見えて弱化してしまった．

また，自分と家族にだけに関心が向いてしまい，社会的な関心が弱まった，という指摘などが社会学の論文で散見されるようになってきていた．それはマスコミ上では，ミーイズムなどと言われもした．

すなわち，コミュニティによる監視・規制力の弱化，隣人であっても知らない人，つきあいのない人の増大という現象がみられるようになったのである．それらの現象が，当人に直接掛け合わないで，市役所に陳情するとか，市役所から注意をしてもらうために市役所に電話をするとかの回りくどい方法を生みだしたのである．それは，あまり配慮なく隣人に迷惑をかけてしまったり，また迷惑をかけられても，直接文句を言えるような信頼あるコミュニケーション手段が欠如していたりしたためであろう．

この迷惑公害は，先の産業公害の場合の西部劇の比喩のように明瞭な構図ではない．「迷惑」というのは考えなおすと「生活」に密着しており，構造的には複雑である．

> ＊請願，陳情：請願も陳情も共に環境問題などある事柄について，公の機関に対して適当な処置をとられることを希望して実情を訴えることである．公の機関とは国や地方自治体などを指すが，たとえば市町村などの議会に訴えるときに，請願の場合は議員の紹介を必要とし，陳情の場合はそれを必要としない．請願の方は受理されると本会議に上程される．その意味で住民の立場からいうと，請願の方が改まった訴え，陳情の場合は手続き的に気楽な訴えという言い方もできよう．

社会的ジレンマ論の利用

ここで社会的ジレンマ論の力を借りようと思う．先に述べたように，社会的ジレンマ論はたいへん多様であり奥も深いが，分かりやすく単純化して，ここでの課題に使えるようにふたつのモデルをつくった．ひとつが，あるひとりが非協力な牧人のジレンマ型，もうひとつが，全員が非協力の囚人のジレンマ型である．そして迷惑公

害は前者の牧人のジレンマの方にあてはまる．ただ，これからの説明は，原型の牧人のジレンマ，囚人のジレンマをアレンジしているので，区別をするために，以下の寓話に合わせて，「10人の牧人のジレンマ」型，「10人の囚人のジレンマ」型と呼ぶことにしよう[1]．

図7-1をご覧いただきたい．寓話的説明をしよう．ある村に10人の牛飼いがいてそれぞれ1頭ずつ牛を飼っていた．この10頭の規模が村の共同牧草地の広さからしてちょうどの大きさであった．ところがある頭のいい人がいて，自分は1頭を飼うのではなくて，2頭にしようと思いついた．その方が儲かると考えたのである．彼

図7-1　10人の牧人のジレンマ（ひとりが非協力な型）

が2頭を飼うと，11頭の牛たちは少しだけ牧草が足りなくなった．例年に比べて少しだけ痩せていたので，11頭とも市場では例年よりも安く買いたたかれた．それでも，2頭を飼った牧人は1頭あたりの利益は少なかったのだが，合計の利益が増えた．すなわち，この2頭を飼った牧人だけが利益を増大させ，他の9人は利益を減少させたのである．これを牧人のジレンマ（ひとりが非協力型）と呼ぼう．図7-1右下にみるように，牧人のうちひとりだけが下のラインのなかで太ったままでいる．他はやせてしまっている．

迷惑公害のメカニズムはこの牧人のジレンマである．たとえば，住宅地に10階建ての高層マンションを建てると，その建設業者は先ほどの2頭を飼った牧人にあたり，大きな利益を得るが，まわりの住民は，日照，騒音，のぞき見，違法駐車など多様な迷惑を受けて大きな損失である．ただ，法的に問題がないかぎり，業者はそこに

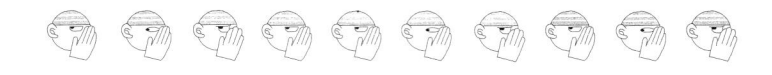

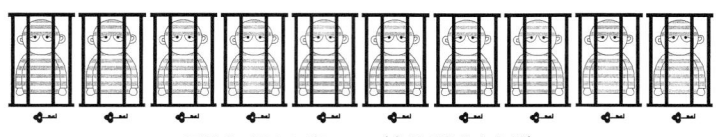

図7-2 囚人のジレンマ（全員が非協力な型）

マンションを建てることができるわけで、これはなかなか解決のむずかしい問題である。したがって、つねに紛争の種になっている。

●————被害者＝加害者の環境問題

1980年代に入ると、さらに予想もしていなかったタイプの環境問題が強く意識されはじめた。それは被害者が同時に加害者であるというタイプである。合成洗剤は河川の水に溶け込むので生態系に影響を与え、それを飲用水として利用する自分たち自身の体に悪いことは誰でも知っているが、その合成洗剤を使用しているのは自分たち自身であるという類の環境問題がこれにあたる。合成洗剤の使用を止めて粉石鹸を使おうという運動もあったが、十分に成功していない。他にも、車の排気ガスやエネルギーの浪費など、このタイプの環境問題は身近にいくらでも見つかるし、次第に深刻になってきている。このメカニズムはどうなっているのであろうか。これも複雑そうであるが、やはり社会的ジレンマ論で説明できる。

図7-2をご覧いただきたい。先ほどと同じように寓話的説明をしてみよう。極悪人を入れる監獄がある。彼らは一生監獄から出ることができない。そこで誰でも脱獄を考えるのであるが、よくできたもので、ここにはすばらしい規則がある。それは、もし脱獄しようとする者を密告したら密告者は罪を許されて監獄から出ていくことができるという、そういう規則である。10人の囚人がいて、この10人が何年間も協力してやっと脱獄するための秘密の抜け穴を完成させた。明日の夜はみんなで一緒に脱獄するという胸のわくわくする最後の夜を迎えて、各囚人は自分の房にいる。そこで各囚人はなにを考えるだろうか。脱獄はまた捕まるかもしれないという危険が伴う。自分として一番合理的な方法は、完全に監獄から出る方を選ぶことである。それは密告である。各囚人はそれぞれ自分にとって一

番合理的な方法を選んだので，全員が密告をした．その結果，いまも全員が監獄のなかにいる．

　図7-2の最後の行では全員が鉄格子のなかにいる．こうした全員が非協力な型の社会的ジレンマを「10人の囚人のジレンマ」と呼ぼう．家庭排水が原因の河川の汚染などがこれである．ひとりががんばってもほとんど効果がない．全員ががんばればよいのだが，自分1人ぐらいはという気持ちからほとんど誰もがんばらないので汚染が進んでしまう．

3 社会的ジレンマの解決策

解決策はあるのだろうか

　社会的ジレンマの定義のなかに「合理性」という用語があった．社会的ジレンマは個人の合理性と集団（全体）の合理性との背理の問題である．個人が合理的な選択（集団に対して非協力）をすれば集団全体としては非合理な結果になるというものであった．牧人にとっては，2頭を飼うことの方が合理的である．囚人にとっては密告する方が合理的である．私たちのこの社会は功利的に生きることが合理的だと解釈しがちな社会である．そのため，ある現象が社会的ジレンマに適合してしまった場合，それは論理的には根本的な解決策がないと理解してよさそうである．

　そこでそれを解決するための次善の策として，法律や条例の強化によって自由な選択を規制する方法，公共性の高い（被害の少ない）別の選択肢を社会的に用意しその選択肢を奨める方法（合成洗剤→粉石鹸），道徳や環境教育の強化によってみずから慎む方法，などが提案され，実行されている．それらは例えて言えば，10階建てのマンションを5階建てにじて被害の程度を少なくするという解決

洗い場で野菜などを洗っている主婦たち（福井県）

策である．つまり，現在のところこれ以上のよい案が見つけられていない．将来のくふうを待つしかないだろう．

　ただ，私のようなフィールド・ワーカーは現場を歩いて，そこからさまざまなヒントを得る．それらのうちのふたつを紹介しよう．

　ある町の共同の洗い場に行ったところ，そこにお地蔵さんが祀ってあって，洗い場全体がたいへんきれいに整頓されているのに気がついた．まだ携帯電話のない時代の話で，ある主婦が「電話ですよ」と呼ばれて，急いで帰宅しなければならなくなった．見ていると，うっかりして野菜の屑を残していったが，すぐ隣で洗っている人が，「マアマアお地蔵さんの前で」と言って，気持ちよくそれをかたづけている．強制でもなく，隣の人の悪口をいうでもなく，お地蔵さんへの気持ちから丁寧に掃除しているのである．それを見ていて，「整理整頓」などと書いた看板よりもお地蔵さんの方が効き目があるのだナァ，と感心した．自分から進んで本当にきれいにしていたのが印象的である．

　このように気持ちよく全員が環境を守る（社会的ジレンマを乗り越える）という事実が現実にはある．これは地蔵信仰[2]という伝統的な信仰規範を利用したものであるが，やはり昔の人はこのよう

クイカン鳥に興味を示す子どもたち
[左] 子どもたちは空き缶を集めて自転車でやってくる.
[右] そして「クイカン鳥」という名前の機械に空き缶を"食わせる"（滋賀県）.

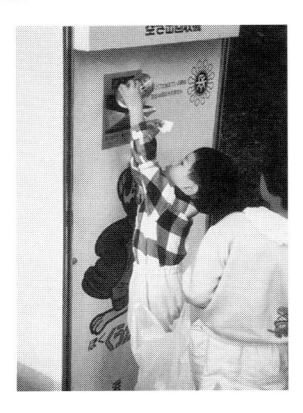

なアイデアをもっていたのである．これはいわば「民間信仰」の利用である．

　もうひとつ紹介するのは，あたらしいアイデアで，機械を使う方法である．空き缶を回収の機械に入れると，小さな券が出てきて，それを台紙に貼り付けていき，台紙が一杯になると，図書券が当たるかも知れない籤が１枚もらえるのである．写真で示している市では，この"遊び"が小学校の子どもたちの間で人気で，たちどころに空き缶がその一帯から消えてしまったのである．これは子どもたちの楽しみをうまく利用した方法である．

　このように信仰という積極性をもった社会規範を使ったり，楽しみを利用したり，いろいろなアイデアがあり得るのである．この方法の特色は，社会的ジレンマに陥った当人が解決するのではなくて，近隣の人であったり，子どもたちであったり，他人が代わりに解決をするという方法である．当人ではなく，他人に解決を求めるという方式を選んでいることに私は興味を覚えるが，その評価は分かれるであろう[3]．学校で環境教育を受けても，すべての人が教育で学

んだとおりに実行することは考えられないので，この種の方法は環境教育よりも強力かもしれない．このような知恵がまだまだ他にもありそうである．

1） 「10人の牧人のジレンマ」型はG. ハーディンの「共有地の悲劇」の事例をヒントにして，変型している．元々の型の説明はコラムで詳しく翻訳しているのでそれをご覧いただきたい．本来の型とこの応用との区別をするために，本書の応用の型を「10人の牧人のジレンマ」型と命名している．囚人のジレンマはランド研究所で論理ができあがったもので，本書ではR. ドーズの説明をヒントにした．囚人のジレンマは1対1の人間関係をあつかっており，本来は社会的ジレンマと異なるものである．ここでは，10人を対象にした寓話に変え，社会的ジレンマのひとつの型に変型したので，本来の囚人のジレンマと区別するために，牧人のジレンマと同様に「10人の囚人のジレンマ」型と命名した．本来の囚人のジレンマについては，参考文献に示しているバウンドストーンの『囚人のジレンマ』の139頁以下が具体例を示していて分かりやすいであろう．
2） 水を利用する場所には，地蔵の他に水神を祀っている地域も少なくない．
3） 当人が解決するという方法で，もっとも典型的な方法は，事後にそれを補うという「事後フォロー」法である．水質汚濁を例にとると，生活排水を溝や小川に流す途中で炭などの上を通すことで浄化するという方法がある．これを少数ながら環境問題に関心のある人たちが行っている．この方法は一度汚してから，その後に浄化するということである．それは比喩を使うと，歩く代わりに車を使って，その後ジョギングをするというようなところがある．したがって，批判があるかもしれないが，私たちの生活では，もともと汚さないという方法以外に，このような「事後フォロー」的処理も必要なのではないだろうか．

【引用文献】
山岸俊男，1990，『社会的ジレンマのしくみ』サイエンス社．
盛山和夫・海野道郎編，1991，『秩序問題と社会的ジレンマ』ハーベスト社．
Garret Hardin, 1968, "The Tragedy of the Commons," *Science*, 162, No. 3849.

Column

共有地の悲劇（ハーディン）

　共有地（commons）の悲劇は以下のような形で展開する．すべての人が使用できる牧草地がここにあるとする．結論的に言えば，この共有地としての牧草地に，牧人たちはできるだけ多くの牛を放牧するであろうと想定される．なぜなら，合理的な人間として，牧夫たちは自分の利得を最大限にもっていくのが当然であるからである．それが明示的であろうと暗示的であろうと，また，意識的であれ無意識的であれ，彼は次のように自問するだろう．「俺がいま飼っている牛たちにもう1頭牛を加えれば，俺にどんな効用があるんだろう」．実は，この効用には，正負の2面がある．

　(1) その正の側面は，牛を1頭増やしたことによる．すなわち，増えた1頭分の売却による利益は，まるまるその牧人の懐に入る．したがって，その効用はプラス1といえよう．

　(2) その負の側面は，1頭の牛の増大がもたらす1頭分の過放牧（牧草地の保有能力を越えて放牧すること）となることによる．けれどもこの過放牧分のマイナス（牛が食べられる草の量の減少）は，結局はすべての牧夫に等しく背負わされるから，くだんの牧夫の負担は，マイナス1の数分の1だけになる．

　このプラス・マイナスを勘案すれば，合理的な牧人は次のような結論を出すだろう．俺がとるべきもっとも賢明な選択は，牛をもう1頭増やすことであると．そしてさらに，もう1頭，もう1頭と増やしつづけよう．

　けれどもこのような結論は，この共有地に関わるどの牧人も考えることだ．したがって，ここに悲劇の誕生となる．牧人たちは限りある牧草地の上で，際限もなく牛を増やしつづけることを強いられるシステムの虜となってしまう．共有地における自由が信じられている共同体において，すべての牧人たちはそれぞれ自分自身の最大の利益を追求するのだが，その先には破滅が待ち受け

ているだけである．共有地における自由とは，すべての者に破滅をもたらすことを意味する．

　　　　　出典：Garrett Hardin, "The Tragedy of the Commons".

　上はハーディンの原文からのコモンズについての記述がある部分の鳥越による翻訳である．ところで，この論文は注目された論文であるものの，これは現実的ではないという批判が，社会人類学などから常に起こっている．たしかに，この寓話的なモデル説明は，実際の多くの入会地（共有空間，コモンズ）の状況と異なる．3章で紹介したように入会的なコモンズにおいては，ルール（管理）がしっかりしている．したがって，一般的にはやみくもに牛を増やしていくことはないからである．また，実はハーディンは生物学者である．そのため，この論文は『サイエンス』という自然科学の雑誌に書かれている．しかし内容はあきらかに社会科学的論文である．その理由について，以下に述べておこう．

　このハーディンの共有地の悲劇の論理は，じつはハーディンのまったくの独創ではない．この論文が書かれる10数年前から，公海上での漁業の乱獲（そこではルールがなかった）の問題など，共有空間での資源の枯渇の問題が新たに生じ，漁業経済学などの分野でこの公海上でのルールのないオープンアクセスが議論の焦点となっていた．そして，資源経済学者，ゴードンの論文（Gordon, 1954）などにより，生物学者に自然の資源の問題は，純粋に自然の問題ではなくて，そこに社会の問題があるのを気づかせたのである．そのような社会と研究の動向をうけて，ハーディンは資源問題については，自然科学の分析だけでは不十分であるとおそらく自覚するとともに，「すべての人が使用できる牧草地がここにあるとする」(a pasture open to all) というオープンアクセスから論をたてることになったのである．

Scott Gordon, 1954, "The Economic Theory of a Common-Property Resource : The Fishery," *The Journal of Political Economy*, LXⅡ.

【参考文献―勉学を深めるために】
舩橋晴俊, 2003, 「社会的ジレンマ論」舩橋晴俊・宮内泰介編『新訂 環境社会学』放送大学教育振興会（社会的ジレンマを入門的に理解するための適切な説明がなされている．またえりも岬の森林破壊の事例も紹介されているので，その応用についても考えることができる）．
海野道郎, 1993, 「環境破壊の社会的メカニズム」飯島伸子編『環境社会学』有斐閣．
舩橋晴俊, 1995, 「環境問題への社会学的視座」『環境社会学研究』創刊号, 新曜社．
中野康人・阿部晃士・村瀬洋一・海野道郎, 1996, 「社会的ジレンマとしてのごみ問題」『環境社会学研究』2号, 新曜社．
大山信義, 1999, 「農村観光地における幻想空間と社会的ジレンマ」『札幌国際大学紀要』30.
ウイリアム・バウンドストーン（松浦俊輔ほか訳）, 1995, 『囚人のジレンマ』青土社．
土場学, 2007, 「『社会的ジレンマとしての環境問題』再考――公共的モデルとしての社会的ジレンマ・モデル」『環境社会学研究』13号, 有斐閣．

8 ゴミとリサイクル

1 ゴミの増加とリサイクルへの依存

文化と経済

　ゴミとはなんだろう．ある人が自分がもっている物を「いらないから捨てる」と判断したとたん，「所有物」であった物が「ゴミ」に変身するのだという．言われてみれば確かにそうだ．つまりは，使用者がある物がゴミかどうかの判断主体になっているということだ．そうであれば，ある国の文化が「もったいない」という気持ちを強くもっていれば，ゴミは少なくなることになる．したがってその逆の，大量消費を肯定的にみる文化をもっているアメリカ合衆国や最近の日本などでは，ゴミが多量になるであろうことは容易に想像できる．

　つまり「いらない」かどうかの判断には，常識的に考えられる「使用価値」があるかどうかという社会・経済的なニュアンスの発想以外に，「もったいない」というような文化的な発想があることが分かる．ゴミの問題を考えるときにはこのふたつの発想を重ねて考えないと不十分になるだろう．もっとも，「もったいない」というのは経済的発想に立った場合，貧しい国の人たちがそのように考えるのだという主張も見受けられる．だが，それは誤っていると思う．たとえば，お茶碗の中に少しだけ米粒を残して「ごちそうさま」といったときに，お母さんから「お百姓さんの苦労を考えて米

粒を残すようなもったいないことをしてはいけません」と注意を受けたような経験をしたことのある人もいるだろう．そしてそのお母さんも子供のときに親から同じ注意を受けたのだろう．茶碗の中の米粒を残すかどうかで経済が変わるわけではない．これは文化の問題である．

●————ゴミとは

　最初に役所などが考えているゴミの定義とゴミの増加の実態をみておこう．ゴミは法律用語では廃棄物と呼ばれている．「廃棄物処理法」によると，廃棄物は産業廃棄物と一般廃棄物に分けられている．

　産業廃棄物は工場などでの事業活動にともなって生じる廃棄物である．燃えがらや廃油など，およそ20種類ほどあり，法律と政令でその種類が決められている．一般廃棄物はそれ以外の廃棄物である．具体的には産業廃棄物として規定された廃棄物以外の事業活動にともなって生じた廃棄物と家庭で生じた廃棄物がそれである．

　産業廃棄物など，事業者が事業活動によって生み出した廃棄物は，事業者がその責任で処理しなければならないと上記の法律で規定されている．しかしときに，その責任を遂行しない事業者がいて，いわゆる「産廃の不法投棄」として新聞の記事になっている．それに対し，家庭からの廃棄物などの一般廃棄物は，市町村が計画をたてて，収集・処理することになっている．この法律にしたがって，市町村役場が私たちの家庭のゴミを集めに来ているわけである．そして，私たちがゴミといったとき，私たちに身近な一般廃棄物だけをイメージしていることが多い[1]．

● ゴミの増加

図 8-1 は 1983 年を 100 として，その後のゴミ（一般廃棄物）の量の変化を示したものである．ゴミの量が増大したのが一目瞭然であろう．ただ 1990 年頃からは横ばいに近くなってきたことも分かる．もっともこれで安心ができるわけではない．いわゆる微増中の高止まりで，およそ 5000 万トンのゴミが排出されつづけているのである．

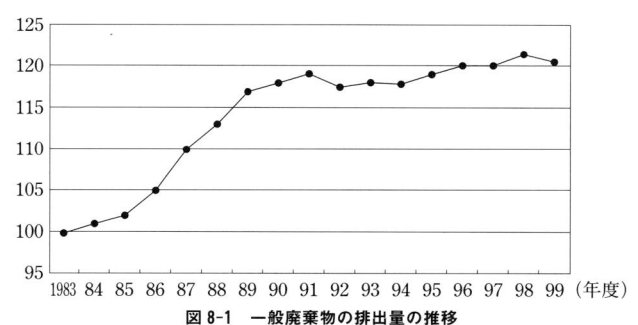

図 8-1　一般廃棄物の排出量の推移
出典：寄本勝美（1990）および環境庁（省）編『環境白書』（1997、2000 年度）．

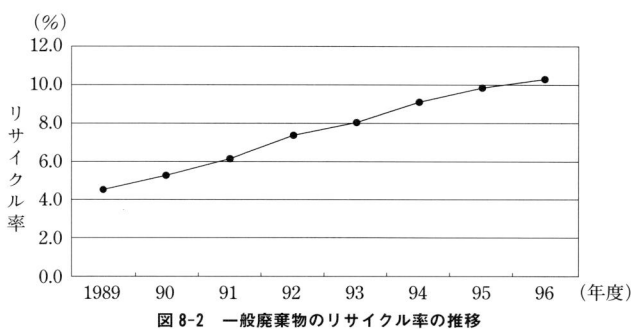

図 8-2　一般廃棄物のリサイクル率の推移
出典：環境庁編『環境白書』および環境省ホームページ．

横這いとはいえ,決して好転したわけではない.とくに,一般廃棄物は大きくは事業系のゴミと家庭系のゴミに大別されるが,2000年前後から,経済活動の活力が衰えたために,事業系のゴミが減少しているのであって,それほど安心できる状況ではない[2].急速な増加が止まった理由は,経済的理由や簡易包装などいろいろ想定できるが,有力な理由のひとつがリサイクルの成果である.その事実は図8-2に示しておいた.リサイクル率が毎年上がっていっているのである.したがって,リサイクルについて考える意味があろう.

● ゴミとリサイクル

法律のゴミのとらえ方や事業者や行政の責任はわかったが,私たちにも責任というものは存在するのではないだろうか.自分たちの生活からゴミをとらえ直してみよう.先に述べたように,私たちは「もったいない」文化を過去には強くもっていた.けれども,いつの間にか,大量消費を"生活の豊かさ"だとみなすようになり,"ポイ捨て"できる商品に魅力を感じる人たちも多くでてきた.これは文化の変化である.

このような変化をする前は「もったいない」文化が手軽に物を捨てるのを禁じてきたわけである.だが,この「もったいない」文化はたんに物を捨てないようにさせていただけではなくて,その物の値打ちをはかる,つまり利用できるかどうかを私たちに考えさせる文化でもあった.したがって,まだ利用できるかどうか(がまんすればまだ使える),用途を変えて利用できるかどうか(花瓶として使おう),捨てるとしてもまったく無駄にはしない(畑の肥料)というようなことを考えさせてくれたのである.

このような文化の現代版がリサイクル運動といえないだろうか.つまりリサイクル運動は突然に出てきたのではなくて,「もったい

ない」文化の利用についての考えが息を吹き返した，ととらえることもできる．

　したがって，現代のリサイクル運動を担っている人たちは，たんにあるものを変形して再利用しようとする考え方だけではなくて，「まだ利用できるか」「捨てるとしてもまったく無駄にはしない」といったそれ以外の方法も貴重な選択肢とみなしているのが普通である．リサイクルはとりあえずその物を自分の管理外におく（手放す）のであるが，ここでいうそれ以外の方法というのは，自分の管理下でその物の価値をもう一度計り直すということである．今まで以外の使用方法や，ガレージセールの利用などである．

2・────リサイクルの考え方と組織

●────リサイクル

　一度使った物を回収して再利用することをリサイクルと呼べば，リサイクルは人間の歴史に比例してたいへん古いことは容易に想像

図8-3　江戸時代の「紙屑拾い」（犬に吠えられている）
出典：石川英輔『大江戸えねるぎー事情』講談社，1990年
（北尾紅翠斎画『四時交加』）．

がつく.とくに回収する物に経済的な価値があれば,それをよろこんで回収する人が出てくる.典型例が紙屑の回収だろう.江戸時代にもかなりの数の「紙屑拾い」(図8-3)がいたことが知られている.

ただ経済的な価値が減少したり,またなくなっても,資源を大切に使うという考え方から回収業者にとって魅力的でない物もリサイクルの対象になる.すなわち,(1)ゴミにしてしまって行政の回収に任せる.(2)古鉄,古着,新聞紙など経済的価値がかなり残っているので回収業者に任せる,という2点以外の物があるわけで,その場合,(3)自分たち自身の手でリサイクルの輪(リサイクル・システム)のなかに入っていくことになる.通常,リサイクル活動(運動)と呼ばれるのはこの3番目の活動をさす.

●────リサイクル活動

私たちの国など産業化された国では,リサイクル活動を望ましいものと考え,それが奨励されている.けれども,リサイクル活動に住民全員が参与しているわけではない.図8-4はリサイクル活動への参加条件と思われるものを図示したものである.すでに述べた文

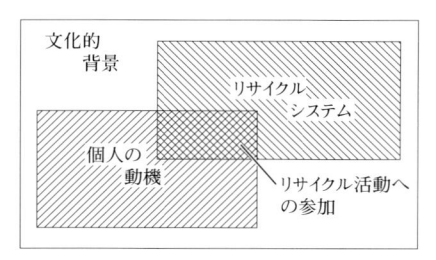

図8-4 リサイクル活動への参加条件
出典:谷口吉光(1996).ただし一部を改変.

化的背景がある．ここでいう「文化」は人びとが共有する価値観のことである．リサイクル活動は個人的に「大切だからやろうかな」と思っても，自分の周辺にそれをするシステム（活動組織のようなもの）がないと，決意はしぼんでしまう．基底の文化的背景（共有している価値観），リサイクル・システム，個人の動機の3点がスクラムを組んで立ち上がれば，地域のリサイクルはうまくいくことをこの図は示している．

　発泡スチロール製の容器であるトレーの回収運動などがこの種のリサイクル運動の具体例を考えるのによい例である．このトレーは使用後は経済的価値がないので回収業者にとっては魅力のないものである．しかしトレーは多くの生鮮食品に使われており，その量は多大である．そこで，それがゴミとして廃棄されなくなれば行政のゴミ回収は助かるし，またトレーはそれを原料として他の商品を作ることができる資源でもある．

　阪神地区では1995年からこのトレーの回収運動が行政の音頭取

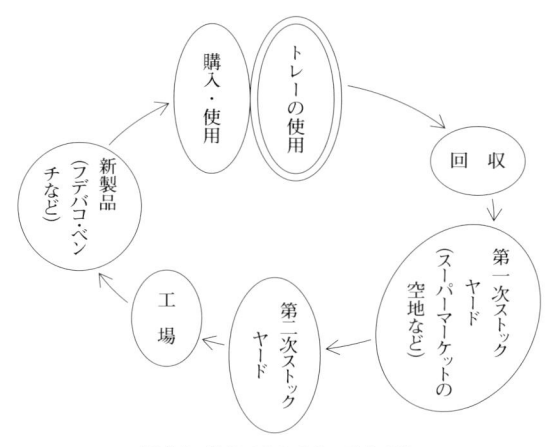

図8-5　リサイクルのシステムの輪

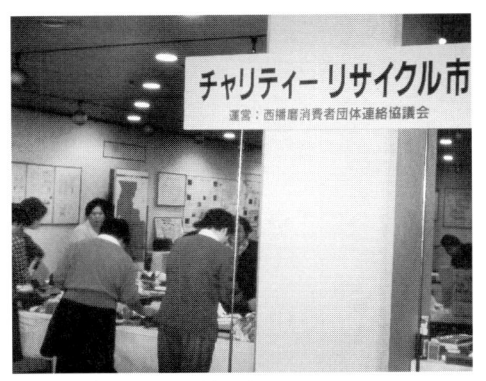

消費者団体によるリサイクル市
女性を中心としたこのような活動は各地で見られる(兵庫県姫路市).

りではじめられている．それをつぶさにみてみると，このようなものをリサイクルすべきであるという文化的背景はすでにあったので，行政は「個人の動機」の鼓舞のために学習会への援助，消費者団体への働きかけをした．それとともに，消費者団体，量販店(スーパーマーケットなど)，工業団体，行政などが集まり，リサイクルシステムのどこの輪が不十分であるか検討をして，その不十分なところを強化したり，あらたな設置をしている．たとえば，「第2次ストックヤード」とよばれる，各地で回収したトレーを保存するやや広い面積のいる集積地が不足していること，また運動をはじめた当初は，臭いの残った再生品の筆立てやハンガーなどがあって，商品として購入してもらいにくいというようなことがあった(図8-5)．それを各種団体や行政が協力して解決していった．結果としてこの運動は成功したのであるが，基本的には図8-4の原則をふまえていたといえる．

3 ── あたらしいライフスタイルの模索

● ──── ライフスタイルの変革運動

　リサイクルそのものは長い歴史をもっているとしても，最近のあたらしいリサイクル運動は，ゴミの増大に対応するために，止むに止まれずはじめられた側面をもつ．このリサイクル運動も，よく観察してみると，それは自分たちのライフスタイル（生活のスタイル）の変革運動でもあることがわかる．私たちのライフスタイルは現実には商品を生産する企業によってかなり左右されている．たしかに広告のことばは私たちの心をとらえることが多い．つまり，企業の高度なそして洗練された"戦略"の前に私たちはほとんど無防備なのではないだろうか．

　そのことの是非はともかく，企業がそのような"戦略"を専門化し，エネルギーを注がざるを得なくなったのは，企業はある歴史的段階で自分たちの商品を大量生産せざるを得なくなったためである．この大量生産・大量消費という資源浪費型社会は，最初にアメリカで成立するが，それはそんなに古いことではない．経済学者の宮本憲一はそれはわが国では 1950 年代の終わりの頃からであると指摘している．つまり親の代からはじまったほどに短い歴史しかないものだし，それ以前から資本主義経済は進捗していたのだから，宮本はこの型を批判して「私たちが自分で暮らし方のシステム［本章で言うライフスタイルのこと］を変えるのは，別に難しいことでも，世界経済を混乱させるものでもないという認識が，まず最初に必要だと思います」といっている．

　たしかにこの資源浪費型が資本主義経済体制に不可欠というわけではないだろう．逆に質素であることも資本主義社会で適合的なの

である．時事評論家の松田智雄は「イギリスやアメリカで近代産業がおこりかけたころ，正直や勤勉と並んで質素が営業の倫理として，大きな役割を果たしたことは有名である．日本でも，明治のころに無一文から身を起こした富豪は，ずいぶん節約につとめた」と指摘している（松田智雄，1972）．

この松田の文章はいまから40年ほど前のものであるが，彼はいま引用した文章のあとに，「人にほしがらせるようなものを作り，ほしがらせるように広告するメーカーが，みるまに大きくなった」と指摘したのち，次のような文章で結んでいる．「なるほど，自動車は最初，便利な道具であった．だが，みんながこの便利にあずかろうとした結果，現在，私たちは人間の歩く道を失ってしまった．空がよごれて呼吸器の病人がふえ，川がにごって魚釣りも，水泳もできなくなった．やがて果実は実らなくなり，近海では魚がとれなくなるだろう．……産業は自由であるべきだというが，ここいらで，産業自身に禁欲を求める叱咤の声があっていい」．

彼のこの指摘は現在でも十分に通用する．いや，実態はまったく変わっていないと言えるかもしれない．かえって切実感が増してきて，その切実感がいま新しい改革の方向を示しつつあるようにみえる．それは最近さまざまな用語で表現されはじめた．すなわち，「環境にやさしい」とか「心のゆたかさ」とか「生活の質」とか「シンプルライフ」などがそうである．これらの用語が示している方向性のなかに新しいライフスタイルを想像できそうである．

●──社会が提供する用意されている選択肢

しかしながら，そもそもあるライフスタイルを選ぶということは自分自身が好きにそれを選べばよいという個人の決意の問題なのであろうか．その側面も2次的にはあるのだが，1次的にというか，そ

の基底に，ライフスタイルそのものが，社会システムに埋め込まれている事実に気づく必要がある．すなわち，自分たちが選べる選択肢がその社会のシステムの性格によって限定されており，場合によっては自分として望ましいと思う選択肢がないか，それを選べば社会生活を送っていくのにとんでもない不自由を経験することになるという事実があるのである．衣服の比喩でいえば，社会が用意しているのは，オーダーメイドの服ではなくて，レディメイドの服であり，その中からの選択を迫られる．それを「用意されている選択肢」とよんでおこう[3]．

つまりは「用意されている選択肢」とは，それが社会システムにレディメイドとして存在していることだから，それ以外のライフスタイルを求めようとすれば，社会システムそのものの変革が問われることになる．分かりやすい例でいえば，自動車中心の交通体系から鉄道，自転車道の整備など公共性の高い環境共存型の交通体系への移行とか，ゴミでいえば，収集法，ゴミの材料となる容器の材質の検討などが具体例である．個人が新しいライフスタイルを選択しようとしてもその選択肢がシステムとして用意されていなければその効果は乏しい．

すなわち，ゴミ問題はゴミ問題そのものだけで終わるものではない．事実，この問題を契機として私たちの新しいライフスタイルのありようが模索されている．しかもここで指摘した重要なことは，ライフスタイルというのは個人の決意だけの問題ではなく，社会システムそのものの変革を前提にしているということである．したがって，新しいライフスタイルというとき，視野はそのライフスタイルの選択幅を規定している社会システムにまで広げる必要があるのである．

1) ところで，ゴミは私たちの社会ではいつの時代から生じたのであろうか，貝塚そのものがゴミ捨て場だという意見もあるが，現在の私たちの感覚に近いゴミの誕生は，江戸時代の都市という考え方ができるかもしれない．歴史家の安藤精一が京都と大坂のゴミ問題の史料を示してくれている（安藤精一，1992）．それによると，元禄期のことであるが，京都では賀茂川や堀川にちりあくた（ゴミ）を捨てるという「不届き」な者が多くいるので，ちり捨て場を7カ所つくったという．また，大坂では，はやくも慶安2年（1649年）から問題になっている．川の中や川端にちりあくたを捨てる者が多く，川や溝が詰まって大きな問題になっていたという．この川にゴミを捨てる風習は，かなり減ってはきたものの現在でも見られる．
2) 大阪市が事業系と家庭系に分けた一般廃棄物の移出量の推移の表（1965-2002年）を示してくれているので，必要な場合は，大阪市のホームページに入ると入手できる．
3) 「用意されている選択肢」という考え方は最近の人間科学の研究の成果（レイヴ・ウェンガーなど）や舩橋晴俊の指摘から学んでいる．人間科学は人間の理解やコミュニケーションというものは，個人の頭の中に生じるのではなく，状況に埋め込まれているものだとみなしている．この状況依存という考え方を人間科学は必ずしもマイナスにとらえていない．舩橋晴俊（1995）は「主体の選択」という視点からみると，あるものを選ぼうとすると，それが「構造化された選択肢」（選択肢が構造化されている）となっており，それが環境問題の克服の障害となっていると指摘した．

【引用文献】

舩橋晴俊，1995，「環境問題への社会学的視座」『環境社会学研究』1号，新曜社．

J. Lave and E. Weinger, 1991, *Situated Learning*. (佐伯胖・福島真人訳，1993，『状況に埋め込まれた学習』産業図書).

石川英輔，1991，「いやなことを忘れていればいやなことが起こる」『現代農業』9月号，農山漁村文化協会．

谷口吉光，1996，「住民のリサイクル行動に関する機会構造的分析」『環境社会学研究』2号，新曜社．

松田智雄，1972，「禁欲のすすめ」（1967年）『市民として』毎日新聞社．

宮本憲一，1996，「資源浪費型社会をぬけ出そう」『婦人之友』1月号．

安藤精一，1992，『近世公害史の研究』吉川弘文館．

寄本勝美, 1990, 『ごみとリサイクル』岩波新書.

【参考文献―勉学を深めるために】
阿部晃士・村瀬洋一・中野康人・海野道郎, 1995,「ごみ処理有料化の合意条件――仙台市における意識調査の計量分析」『環境社会学研究』1号, 新曜社（環境社会学としての廃棄物の研究論文はかなりの数がある. それらはふたつに分けられよう. ひとつが, 一般廃棄物を対象とし, この一般廃棄物が基礎的自治体である市町村の責任であるので, 自治体との関わりについて分析するもの. 本論文も含めて以下の4つの種類の異なる論文を紹介しておこう. もうひとつが産業廃棄物を対象とするものである. 産業廃棄物研究の関心は現在のところ多様である. やはり見方の異なる4つの論文を紹介しておこう）.

石垣尚志, 1999,「ごみ処理事業における政策実施過程――埼玉県大宮市を事例に」『環境社会学研究』5号, 新曜社.

谷口吉光・堀田恭子・湯浅陽一, 2000,「地域リサイクル・システムにおける自治会の役割」『環境社会学研究』6号, 有斐閣.

霞理恵子, 2001,「し尿・ごみ問題に対する多様な主体の認識と公的セクターの役割」『順正短期大学研究紀要』29.

鵜飼照喜, 1999,「産業廃棄物問題と自治体行政の課題――長野県の事例を通して」『総合都市研究』69, 東京都立大学都市研究所.

土屋雄一郎, 1999,「廃棄物コンフリクトのマネージメント手法としての社会環境アセスメント――長野県阿智村の事例から」『環境社会学研究』5号, 新曜社（処分場計画をめぐっての地域住民の関与を分析している）.

長谷川公一, 2000,「放射性廃棄物問題と産業廃棄物」『環境社会学研究』6号, 有斐閣.

藤川賢, 2001,「産業廃棄物問題――香川県豊島事件の教訓」舩橋晴俊編『講座環境社会学2 加害・被害と解決過程』有斐閣.

舩橋晴俊, 2000,「分別保管庫の提案――廃棄物処分場に代えて」『環境社会学研究』6号, 有斐閣.

鵜飼照喜, 2000,「廃棄物問題と環境社会学の課題」『環境社会学研究』6号, 有斐閣（循環型社会に至る道筋として環境社会学がなすべき役割を指摘）.

寄本勝美, 2003, 『リサイクル社会への道』岩波新書（これは一般的な理解のためによいだろう）.

飯島伸子編, 2001, 『廃棄物問題の環境社会学的研究』東京都立大学出版会.

谷口吉光, 1996, 「住民のリサイクル行動に関する機会構造論的分析」『環境社会学研究』2号, 新曜社.

杉本久未子, 2000, 「リサイクル型地域社会づくりの可能性と限界」『ソシオロジ』44, 社会学研究会.

篠本幹子, 2002, 「リサイクル運動と正当化のメカニズム」『社会学評論』53-1, 日本社会学会.

杉本久未子, 2004, 「住民運動の制度化――橋本市の産廃処理問題から」『地域社会学会年報』16集, ハーベスト社 (行政と相対するにあたり, 住民がもつ代表性とはどのようなものか).

9 開発計画と加害者・被害者

1 ── 大規模開発のはじまり

── 近代化と地域の活性化

　地方制度の整備が一定程度整った1890年頃（およそ明治20年代）からであったろうか，つい最近に至るまで，日本の各地域は地元の人口増を望み，人口減を極端に恐れた．各地方自治体の首長は自分の県や市や村の人口をどのようにして増やすべきかについて常に心を悩ませてきた．そして首長や行政職員だけではなく，地域住民もまた，自分たちの市や町や村の人口が，たとえば，隣の町などよりも多いことを自慢にし，少ないとくやしがった．

　なぜ人口増をそんなに望んだのであろうか．その答えとしていろいろな理由をあげることができるだろうが，一言でいえば「地元が大きくなること」を望んだからだと言えるだろう．それは皮肉な言い方をすれば，「近代化の幻想」に踊らされたのだ，ということになり，今ではこの言い方に納得する人が増えてきたように思う．つまり，「いっそう近代（モダン）に近づくとは，いっそう規模が大きくなることであり，それはよいことだ」というスケール・メリットの"信仰"を私たちはもっていたのだが，現在はその反省期にきているということができる．

　各地方自治体が，規模の大きい工場の誘致や大規模な開発の計画に熱意を注いだのは，そのことによって人口が増大するし，地域が

活性化すると判断したからである．誘致に成功したところはたしかに人口が増え，そこに大きな工場群をみることができるようになった．しかしそれとともに，そのほとんどの地域では深刻な環境問題が引き起こされたのである．そのため，誰のための誘致，誰のための開発だったのか，という問いが当然のことながら生じた．それはもともとは，地元住民（自治体の住民）のためであったはずだが，その住民が環境問題で苦しむという帰結を招いてしまった．この事実は確かに「近代化の幻想」が生みだした幻滅であったといえるだろう．

　本章では，大規模な開発がそこに住んでいる人たちにもたらした環境問題の構造を考えることにしよう．それは同時にそもそも"開発"とはなんであるのか，ということを問うことにもなるだろう．

●———大規模開発の問題の予感

　明治や大正期では，車の排気ガスのにおい，立ち並ぶ工場の煙突からの煙のにおいに，文明を感じた人が少なからずいた．わざわざ排気ガスを嗅ぐ少年もいたし，モクモクと空に拡がる黒煙に大都会の息吹を感じた人もいたのである．しかしそれはいわば，大気汚染のまだ少ない牧歌的な時代の感覚であった．

　1960，70年代になると，高速道路，空港，原子力・火力発電所，石油化学コンビナートなどの建設が日本の各地で広範に実施されはじめた．それらはすべて大規模な開発であり，その規模の違いがいままでの開発とは質的にも異なる様相を地域社会に示したのである．質的な違いのその最大の特徴は，このような大規模開発そのものは，確かに広範囲の国民一般に少しずつの小さな利益を与えたものの，他方では，開発がおこなわれた地域の住民に致命的な犠牲を強いたことである．

その犠牲が大きな社会問題として認識される前の時期においても，それが決して軽視されるべき問題ではなかったことは，政府が発行している『公害白書』でも「大規模開発が進行中で汚染が問題化しつつある地域」(1971年版)という項目をわざわざたてていることから推察ができよう．

　たとえば苫小牧の項には「将来工場の進出に伴い汚染が著しくなる可能性をもっているので未然予防策を講じている」，鹿島の項には「当地区が大規模装置工業を中心としたものであるため，大気汚染による被害が懸念された．このため，当地区は公害事前予防モデルケースとして，厚生省，通商産業省，茨城県による数次の調査，企業指導がおこなわれてきた」というような表現が見られる．しかし結果としては，その後，各地で深刻な被害が発生することになるのである．

2 ● 受益圏・受苦圏

● テクノクラートの視角・生活者の視角

　大規模開発は技術・経営の両面において合理性が要求される．それらの合理的制御（コントロール）をおこなう一群の人たちをここでは，テクノクラートとよぶことにしよう．国家官僚などがその典型である．テクノクラートは，たとえば石油化学コンビナートを建設するとするなら，太平洋岸の水深の深い大きな港（原油を巨大タンカーで輸入するため），消費地に近接，広大な敷地，という3つの不可欠な条件を満たす地域を日本国内から見つけだし，関係する地方自治体や巨大企業との交渉を通じて計画を推し進めていく．彼らテクノクラートは，合理性，ことばを換えると，計画全体の整合性を重視する．したがって，技術的・経営的視点で見た場合，最適

の計画ができあがる．通常，大規模開発は国民一般の利益を代弁していると思われているので，その計画は歓迎される．

けれども，その計画地域に隣接して生活してきた地元住民——それは国民全体から見ればあまりにも少数である——は大気汚染や水質汚染をつうじて，決定的な生活破壊を被る．被害住民たちは自分たちの切実な被害を前にして，その計画の不適切性を唱え，開発反対や修正を求める活動をする．この両者の決定的な乖離は「テクノクラートの視角」と「生活者の視角」の差異と指摘できよう（梶田孝道，1988）．

「テクノクラートの視角」に基づいた合理的計画を，被害者である住民は地域の実状を理解しない不誠実な考え方と批判し，他方，テクノクラートは「生活者の視角」を主張する地元住民を体系的整合性を理解しない視野の狭い人びととしてとらえがちである．そのため両者の溝は埋まらないのが普通である．

●——— 受益圏・受苦圏

大規模開発の実態の調査が進むにつれて，大規模開発によって地元が潤うということが当初に想定されていたほどでもない事実が，研究者によって示されるようになってきた．たとえば，石油コンビナートをとりあげてみると，コンビナート敷地内に港湾などの諸施設が設けられるために地元の港にはにぎわいをもたらさないし，地元に関連工業も引き寄せず，地元の経済活動に活気をもたらすこともなかった．それは当然である．コンビナートは合理性をもったひとつのシステムであり，そのコンビナートの敷地内でシステムが完結していたからである．そのなかで完結していなかったのは，そのシステムから外にでていく「汚れた空気や水」といういわば"排泄物"と，もうひとつ，大都会に出ていく"利潤"だけであった．つ

まり，その地区のコンビナートで生じた利潤は地元ではなくて，コンビナートの企業の本社のある大都会（たとえば東京）に持っていかれたのである．

いま，受益者（コンビナートの会社など）の集まりを「受益圏」，"排泄物"をあびる被害者の集まり（地元住民など）を「受苦圏」とよぶことにしよう．そうすると，コンビナートを中心として，受益圏・受苦圏という地域的・空間的な広がりを地図に落とすことができるであろう．

開発の種類によっては，受益圏と受苦圏とが一部の重なりを示すこともあるだろう．一般的にいうと，重なっている場合はその解決が容易であるが，重なっていない場合はその解決がむずかしい．重なっている場合は，受益者（加害者）と受苦者（被害者）が同一人であったり（大気汚染を出す工場に勤めているとともに，自分の暮らしている街がその大気で悪臭がただよう），目に見える人間関係であったりして，困難な中にも解決への姿勢がたいへん強い．

それにたいして，重なっていない場合は，受益者と受苦者は相互に顔を合わすことが原則的にはないので，その熱意はどうしても弱まる．たとえば新幹線公害をとりあげてみると，新幹線を利用する乗客は全国に拡がっており（受益圏），他方，受苦圏は騒音と振動に苦しむ沿線住民となる．

すなわち，新幹線公害にかぎらず，大規模開発の問題解決の困難さは，この受益圏・受苦圏が重ならないことにある．このような受益圏・受苦圏がほとんどまったく重ならないという現象は大規模開発が登場してはじめて顕著にでてきたものなのである．

3 ● 加害と被害の構造

● 加害の構造

　環境問題は加害する側と被害をうける側があってはじめて成立するものである．被害のみがあって加害の側が不明瞭なこともあるが，それは加害側がほおかむりしているか，否定しつづけているかであって，加害のない被害はない．ただ環境問題は，「環境問題」という舞台の上で「加害者」と「被害者」というふたりの役者だけが向かい合って演技をするという単純な様相を示すことは通常は稀である．その複雑さのためにとんでもない誤解をすることがありうるので，加害と被害の構造というカラクリの研究は不可欠なことなのである．

　加害の構造（加害の要因群の組み合わせ）は大まかにいって，「公害型」と「農林漁業・生活型」のふたつの構造に分けられる．前者の公害型の方はいわゆる工業分野からの汚染が中心で，その主な被害の発生状況は明治中・後期（1900年頃から）の重工業の発展と軌を一にする．田中正造の活躍で知られている足尾銅山の鉱毒事件がそのころの公害の典型のひとつであろう．後者の農林漁業・生活型は1970年代以降に主に意識されるようになってきた．

　公害型の加害の内容は次のようなものである．加害源が鉱業や工業および公共事業であり，その加害の現象は水質汚染，大気汚染，騒音，地盤沈下，振動にほぼ尽きる．たとえば水俣などの水銀による水の汚染であったり，大気汚染による四日市ぜん息の発生であったり，飛行機や工場の騒音，工業用水のための地下水汲み上げによる地盤沈下などである．

　一方，農林漁業・生活型とはどのようなものであろうか．そもそ

足尾銅山の精錬所
中央に煙突が見える．また，いまだ，右の山に草木が生えていないのが分かるだろう．

水俣のチッソの鳥瞰
チッソの会社は写真の下のJR水俣駅のすぐ側にある．たいへん規模の大きなものである．

 も古くは足尾銅山の鉱毒事件が周辺の農民や林業者を苦しめたように，農林業者や地域に生活している住民は被害者であって，加害者ではないというのが一般的な理解であった．ところがある時期から，その構図ではカバーしきれない新しいタイプの問題が見受けられるようになった．沖縄での赤土の海への流出による珊瑚礁の被害が土地改良事業によるものであり，各地の山崩れが手入れを怠った植林によるものであり，自然破壊のスーパー林道*建設が林業の振興のためといわれたりしている．視野を外国に広げても，農業のための熱帯林の伐採があったり，エビの養殖のためのマングローブ林の伐採によって海岸の地崩れが起こったりしている．また，「生活型」では，たとえば生活排水汚染がそうで，不注意な暮らし方が他人に被害を与えている．このようにいわば伝統的に存在していた「公害型」の加害に加えて，「農林漁業・生活型」の加害が問題化してきたのである．

ここで留意しておきたいのは，加害者の姿というものがたいへん見えにくいことである．加害も被害も構造化されてはいるが，加害の構造の特色は，それが「加害の連鎖性」をもつことだ．この「加害の連鎖性」が，「加害の間接性」を生じさせ，加害の真の正体を見えにくいものにしている．AさんがBさんを殴るということは直接的で見えやすい．しかしたとえば，田んぼの除草剤が飲料水に混じることによる被害を例にとると，誰が加害者か判断しにくい．製剤会社なのか，それを使用した農民なのか，田んぼの水を直接排水路に流し込むように灌漑排水の方法を変えた土地改良事業という農業近代化政策なのか，あるいは，その水を飲料水として利用することを許している行政が悪いのか，このように加害群がずっとつながっているのだが，被害者の側に「見える」のは最後の「水」だけである．このように加害の構造は連鎖性をもつことが大きな特色である．

　　　＊スーパー林道：伐採などの林業のため，また森林の管理を目的として，森林内に林道が敷設されることが少なくない．この林道のうち，とくに規模の大きい「特定森林地域開発林道」のことを通称として，スーパー林道とよぶ．規模が大きいため自然の破壊も著しく，自然保護団体が敷設に反対することが多い．

●————被害の構造

　環境問題の被害は一様ではない．貧しい人たち，社会的地位の低い人たちに被害者がかたよっていることは経験的に多くの人が知っている事実である．自然災害でさえもそうで，先の阪神・淡路大震災のときも貧しい人や高齢者など社会的弱者に被害が大きかったことは記憶にあたらしい．

　被害構造を分析した飯島伸子の研究によると，被害構造は被害レ

ベル, 被害度のふたつがあり, それぞれに社会的要因が関わっているとの指摘ののち, 次のような整理がなされている (飯島伸子, 1984). すなわち, 被害レベルは「生命・健康」と「生活」と「人格」と「地域環境・地域社会」の4つから成り立つ. たとえば,「生命や健康」の破壊は水俣病やイタイイタイ病, 公害ぜん息などを典型とし, それは本人だけでなく, 家族の「生活」を不安定なものにする. さらに, 健康や生活のいちじるしい破壊は「人格」の荒廃もまねくという. そして足尾鉱毒事件のように村という「地域社会」そのものが消滅した場合もあるのである.

もうひとつの被害度は, 先の4つの被害レベルそれぞれにおいて, どの程度被害を受けているかという程度のことである. たとえば「生活」被害の程度も人により異なるであろう.「生命・健康」被害を受けて死亡した主婦がいるとすると, それにともない夫や子どもの生活が破壊されるというように,「生活」被害は身近な他者には特に強い影響をおよぼすといえる.

これら被害レベルや被害度は, 被害者がどのような社会階層や集団に属しているか, またマスコミや地域社会, 行政などがどのよう

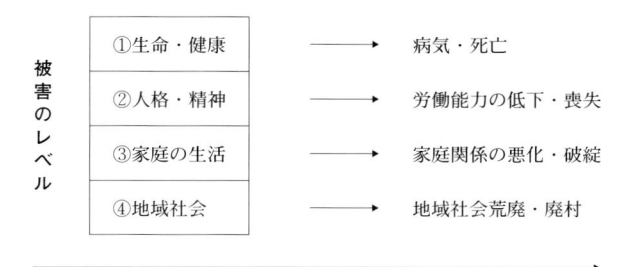

被害のレベル
①生命・健康	⟶	病気・死亡
②人格・精神	⟶	労働能力の低下・喪失
③家庭の生活	⟶	家庭関係の悪化・破綻
④地域社会	⟶	地域社会荒廃・廃村

被 害 の 度 合 い ⟶

図 9-1 被害の構造
注:飯島伸子(1984)にもとづき作成. ただし, 理解しやすいように単純化するとともに, 表現の一部を変えている.

な対応をしたかということなどにも左右される側面をもっている．社会的な孤独感を感じたり，逆に社会とのつながりを感じたりする，このような社会的要因も被害構造の理解に不可欠である．

　以上のような加害・被害構造の分析をつうじて，加害や被害にたいして，それを減じる具体的な対処法を見つけだすことができるだろう．あるいは，なにが加害でなにが被害かということを考えなおすだけでも，政策に対する変更を迫ることができる．

　たとえば先に述べたように，伝統的には農業は工業による被害側にあると理解されてきた．ところが農業が加害側でもあると認識すれば，農薬や化学肥料を使って生産を増やすという農産物価格維持に比重をおいた農業政策そのものがおかしいと批判できる．そして，それに代わる政策として，環境保全型農業を提案することもできよう．それは具体的には，安全な食糧生産型農業であり農村の自然環境保全農業のことである．そういう新しい型の農業政策が選択されることになれば，その政策に農民などにどのように積極的に関わってもらう社会システムをつくるかということが私たち研究者，そして国民全体の新しい課題となってくるのである．

Column

水俣病患者Sさん（女性，漁師）の話

　水俣病が発生した最初の頃は，村八分［村の人からつき合いを断られること］にされたり，村の道を歩くなと言われたりして，それが10年ほどつづきましたかね．病気のつらさよりも，（もっとつらいことは）いじめのつらさとか，親戚の人たちにお前は親戚ではないんだと言われるようなこと，（つまり）人間関係のいろいろな事に対して，私たち（水俣病患者）は何十年も堪えねばならんかったです．

いま，私は水俣病のことを話すときに，「水俣病はうつりません と．水俣病患者は浮いた魚，死んだ魚を食べて水俣病になった のではありませんと．そして私たちは水俣病を申請して水俣病に なったのではありませんと」，このような話をするんですよ．そ んときに質問が来るんですよ．「本当にうつらないんですか」と． 今でも，です．

　私たち水俣病患者は，痛かっても，つらかっても，手がかなわ なかっても［動かなかっても］，水俣病になりたくなかって頑張 ったもんです［役所に申請して正式に水俣病に認定されると保護 を受けるが，他方，人びとから差別を受けるため］．そこらあたり は今のマスコミ（の論調）とは逆．「認定してください」という ようなことじゃなかったちゅうことを，まず，知ってもらいたい．

　水俣病という名前が出てくる［使われる］までは，マンガン病 ［マンガンによる慢性神経症］だ，うつる病気だ，奇病だっていう ようなことで，どれほど人間関係が断ち切られてしまったものか． 病気よりも，そちらの方が怖くて，私たちは健康ぶっていた，と 言えば分かってもらえるでしょうか．

　水俣全体の中で，チッソ［加害会社］が，殿様だったちゅうこ と．その殿様を行政が引き入れた［行政が工場を招聘した］ちゅ うこと．そして，私たちは死んでも虫けらとも思われなかったち ゅうこと．そういうことですよ．これはもう堂々と言えることで すね［間違いがない事実だ］．被害者も，加害者も，受け入れた側［行政］も，全部，水俣というちっちゃな箱の中に詰め込まれていたから，死んだ人たちに応援

水俣病患者が多く出た茂道の漁村

する人はいなかったんだということを私は言いたい［小さな箱のような中で相互の人間関係が密だから，お互いをはばかって，水俣病で亡くなった人を生前に支援する人はいなかった］．

（けれども），患者である私が，10年間の寝たきりの生活から，ここまで良くなったということは，水俣（というコミュニティ）だからで．だから，（水俣は将来に向けて）どう変わっていくべきかということ（を考える必要がある）．絶対してはならないことは，してはならないんだということ．そして水俣の今の良さを崩さないようにしなければならないということを言いたい．

水俣病があったから，悲しい出来事はあっだけれども，そんな時代を乗り越えてこんばならんわけで，「チッソが悪い」，「私たち［患者］がどう」ということじゃなくて，そんな時代のときに人は，なんばせんばならんとだったかは，やっぱり（キチンと）議論したい．でも，チッソは，自分が悪いんだって分かったならば，それに応じて（私たちも対応する必要がある）．やっぱり（チッソとも）生活を共にせんばならんとですよ．そこらあたりは，（チッソに）「頑張れよ」と応援したいですね．共に今から生きていくのには，「どげんやっていこうか」と話し合いをもちながら，私たちはやっていかんと．（そうでないと）人としてのつながりがないと思うんですよ．そこらあたりは，（私は）支援する側．「あんたたちも頑張れよ」と．儲けることがどうじゃなくて，チッソも人になってもらいたいと，私はそんなように思っていますが．　　　　　　　　（1999年，水俣の漁村，茂道で聞き取り）

注）水俣での聞き取りについては丸山定己氏のご支援とご協力によっている．

【引用文献】
梶田孝道，1988，『テクノクラシーと社会運動』東京大学出版会．
総理府編，1971，『公害白書』（昭和46年版）大蔵省印刷局．
飯島伸子，1984，『環境問題と被害者運動』学文社．

飯島伸子，1986，「加害―被害連関をめぐって」淡路剛久編『開発と環境』日本評論社．

【参考文献―勉学を深めるために】

舩橋晴俊・長谷川公一ほか著，1985，『新幹線公害』有斐閣選書．
松村和則編，1997，『山村の開発と環境保全』南窓社．
丸山定己，1975，「公害と家族」仲村祥一編『社会学を学ぶ人のために』世界思想社（水俣の家族の事例）．
堀田恭子，2001，「公害被害者の生活経験と被害者運動――新潟水俣病の事例より」舩橋晴俊編『講座環境社会学2　加害・被害と解決過程』有斐閣（被害者による運動が被害者個人の生の支えともなる側面にも言及している）．
帯谷博明，2002，「ダム建設計画をめぐる対立の構図とその変容」『社会学評論』53-2，日本社会学会（受益圏・受苦圏の事例としても参考になる）．
関礼子，2002，「地域開発にともなう『物語』の生成と『不安』のコミュニケーション」松井健編『開発と環境の文化学』榕樹書林．
関礼子，2003，『新潟水俣病をめぐる制度・表象・地域』東信堂（水俣病が繰り返し他の地域で生じた理由は何なのか）．
湯浅陽一，2005，『政策公共圏と負担の社会学』新評論（主体の合理性よりも道義性に焦点をあてているところが認識方法論的に注目される）．
藤川賢，2005，「公害被害放置の諸要因――イタイイタイ病発見の遅れと現在に続く被害」『環境社会学研究』11号，有斐閣．

10 公共事業と地元の利害

1 ── **公共事業の意味と問題点**

● ── おかしい公共事業

　政府や地方自治体などの公共団体が発注する土木・建築事業をここでは公共事業といっておこう．それは公共工事とほぼ同じ意味である（公共事業を広くとると，公共工事以外に，社会公共の利益を図るための電力，ガスの事業や，上下水道などの地方公共団体が経営する事業も公共事業に含まれる）．具体的には，道路整備，上下水道整備，河川工事，ダム建設など多様な工事がある．

　公共事業の「公共」という意味はあいまいである．一般には，公共団体がおこなうから"公共"事業なのだと理解されているようである．しかし国や地方自治体などは"公"（おおやけ）であって，国民や住民一般こそが，"公共"である．したがって，公共事業とはそのような国民や住民一般の福利に役立つ事業を意味するのだと解釈する人もいる．

　このあいまいさが公共事業をする意図の不明瞭さとストレートに関わっている．すなわち，実際は，誰が主役であるのか，誰のためにするのかという点があいまいなのである．表向きは地元が主役で，主に地元の福利のためといわれているが，そもそも「地元」というものも漠然としたものなのである．

　公共事業はおかしいという声が最近では強くなっている．あきら

かに不必要な公共事業も行われている事実が散見できるからである．もともと公共事業は必要なものであった．道路の整備は必要だし，河川工事も場所により必要だろう．エネルギー政策にもとづいた事業も不可欠である．それにもかかわらず，ある時期から公共事業のおかしさがたいへん顕著になってきた．当事者もおかしいことに気づいているはずであるが，それがくい止められない理由は明白であり，2点を指摘することができる．

　ひとつは，公共事業の経費は税金でまかなわれるので，直接的には"誰の腹も痛まない"ことが支出の審査をたいへん甘くしてしまっていることである．一般家庭であれ，企業であれ，膨大な支出をするときには，たいへん注意深く慎重になるものだが，その注意力が弱いのである．公共事業には膨大な費用が伴う．大きなお金が動くということは，そのことによって，当該事業を受注する企業をはじめ，大きな利益を得る組織や人が存在するということである．利益を得るために無理が生じることもあり，それが一般国民から見ると「おかしい」と感じる事態を生じさせたのである．

　もう1点は，公共事業が，社会の必要性よりも，官僚組織の予算配分と密接にからんでいることである．図10-1をみてほしい．これは公共事業別の予算配分の1985年からの推移である．16年の幅があるのだから，この期間に事業ごとに社会の必要性の強弱があったはずであるが，みごとに内訳の割合に変化がない．これは国の各省からはじまって，各局，各課，各係，そして地方自治体などの公共団体にいたるまで，予算配分を原則的に動かさないことで，官僚全体に仕事があるように組織されているからである．社会の変化に対応していないので無駄な仕事もつくらなければならなくなる．しかも，それが無駄であるだけでなく，土木工事は大なり小なり自然環境や歴史的環境を破壊するために，結果として深刻な環境破壊を

招いてしまうところに重大な問題があるのである.

●───公共事業をおこなう大義名分

いま述べたように,不要不急の公共事業が最近は目立つ.水需要やエネルギー需要が減っているのに計画を進めるダム工事,車が数

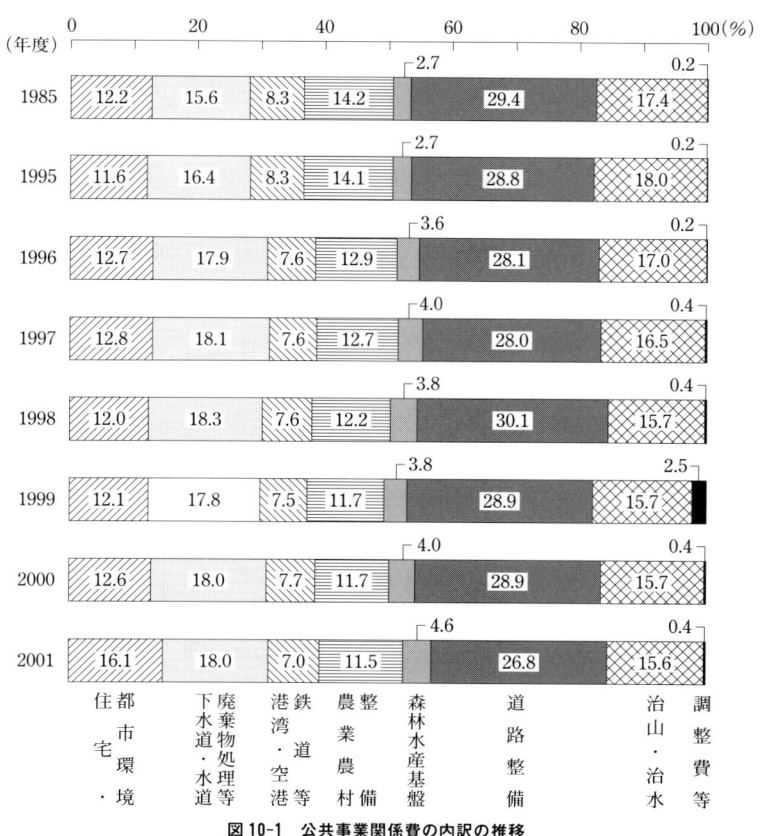

(年度)	住宅・都市環境	下水道等	廃棄物処理・水道	港湾・空港	鉄道等	農業農村整備	森林水産基盤	道路整備	治山・治水	調整費等
1985	12.2	15.6	8.3	14.2	2.7		29.4		17.4	0.2
1995	11.6	16.4	8.3	14.1	2.7		28.8		18.0	0.2
1996	12.7	17.9	7.6	12.9	3.6		28.1		17.0	0.2
1997	12.8	18.1	7.6	12.7	4.0		28.0		16.5	0.4
1998	12.0	18.3	7.6	12.2	3.8		30.1		15.7	0.4
1999	12.1	17.8	7.5	11.7	3.8		28.9		15.7	2.5
2000	12.6	18.0	7.7	11.7	4.0		28.9		15.7	0.4
2001	16.1	18.0	7.0	11.5	4.6		26.8		15.6	0.4

図10-1 公共事業関係費の内訳の推移
出典:加藤治彦編,2001,『図説 日本の財政』(平成13年度版)東洋経済新報社.

大規模公共事業と御殿
左は有明海・諫早湾干拓事業の潮受け堤防．手前はかつての海が草原化したところ．漁獲量が急減し，漁民などにより，工事差し止めの運動や訴訟が行われた．右は大規模工事の補償金を得た人たちが移住して立てた住居．そのような住居は立派なので，一般には周りの人たちの嫉妬と揶揄から「御殿」とよばれる．たとえば徳山ダムの建設にともなって補償金を得た人たちの新しい建物群は「徳山御殿」とよばれるのである．

えるほどしか走っていない山脈を貫く高速道路，野菜などを迅速に大都会に届けることを目的としたがほとんど使われない農業空港，地元の誰が希望したのか不明瞭なままに突然はじめられる河川工事，それに大規模な自然破壊をともなうスーパー林道など，枚挙にいとまがない．

　先にあげたようなふたつの理由にもとづく「おかしい公共事業」は，政治家の動きや官僚制度と深く関わっているために，くい止めにくい．また他面，膨大な予算をとって公共事業が続行されるにはそれなりの大義名分，すなわち積極的な理由があるのである．それをみておこう．

　ひとつは「失業対策」である．少し歴史をさかのぼるが，「公共事業」という用語は戦後すぐの1946（昭和21）年の国の予算においてあらわれる．多大な失業者を抱えた終戦直後の時代においては明白に「失業対策」を目的とした公共事業なのであった[1]．その比重がのちに，生産の基盤整備，さらに生活の基盤整備の方へと移っていっても，この当初の失業対策という側面がまったく消えたわけ

ではない．

　ふたつ目の理由は「景気対策」である．これは現在でも公共事業の予算を大きくするときの有力な理由づけとなっている．とくにわが国は外国からの圧力のもと，1980年代には外需主導型から内需主導型へと経済政策の路線を切り替えざるを得なかったが，公共事業は内需を拡大するための有効な手段と理解する立場がある．

　このふたつの大義名分が存在するため，たとえそれが不急（「不要」というのは証明しにくい．たとえ車の姿がほとんど見えない赤字経営の高速道路でも，それを便利に使っている人は必ずいるからである）のものであったとしても，当該地域の生産や生活の基礎的基盤を整備する必要があればしてもよいということになる．もっと極端にいえば，そのような基盤整備の必要度が低くても景気対策になればそれでよいのではないか，という考えも成立することになる[2]．そこでこの点を具体的に検討してみよう．

2 ──── **公共事業の利害**

　公共事業のうち，日々の生活と関わっている身近なものとしては，道路とか下水道などの公共事業がある．一般的にいえば，道路や下水道の整備は地域住民の多くが望むものであり，そのかなりの部分は有用性がたかい．したがって「道路や下水道をつくるな」というのは暴言であろう．けれども，国民や住民の多くが希望する道路整備でさえ，多くの矛盾を抱えている．ここでは「道路」を具体的な例として取りあげて考えてみよう．

●──── 地元からの要求

　私は1970年代に薩南諸島地域を長期間調査したことがあった．長期間そこに通っていたので，そこでおこなわれていた新規の道路

敷設工事の多くが不必要なものであることがよく分かった．極端な例では，ある島では車が3台しかないのに，道路をつくりつづけ，最後には，島の山の頂上まで道路をつくる計画を立てていた．島の人たちは「本当は道路は必要ないんですがねェ」と私に言っていたが，工事が必要な理由は別にあった．それは日雇い労働による収入であった．この地域では米作に失敗し，サトウキビづくりに失敗し，それでも生活していかなければならない住民には，道路そのものではなくて，現金収入のための道路工事が必要だったのである．この種の道路工事は，1970年代に終了したわけではなくて，現在も日本各地，とりわけ農山村でひろくおこなわれているのである．ただ，注意しなければならないのは，この種の公共事業は公共団体が勝手に計画を立てているのではなくて，地元の住民の要望を受けておこなっていることである．これは先にあげた公共事業のひとつの機能である「失業対策」に類するものと判断してよいだろう．

受苦圏の増大

かつては自分たちの家の近くに整備された道路ができるということは無条件にすばらしいことであった．地域によっては，自分たち自身で道路を整備する慣習（道普請）があり，それはまさに自分たちの道路であった．しかしながら，道路の規模が大きくなり，交通量が増えるにつれて，家の近くに道路ができることは苦痛以外のなにものでもない，という現象が生じるようになってしまった．振動，騒音，大気汚染の被害を受け，病院に通院しなければならない人たちが出はじめた．すなわち，9章で指摘した「受苦圏」が日本各地にひろがったのである．

そして国道や高速道路の沿線のかなり被害の大きいところでは，苦しむ住民たちが立ち上がって裁判闘争がおこなわれた．だが，道

路の「公共性」のまえに、それら
は敗訴していった．ようやく，
1995年7月7日になって，最高裁
判所は国道43号線を「欠陥道路」
と指摘し，国と道路公団に対し賠
償責任を認める判決を言いわたし
た．これが道路（自動車）公害の
違法性を正面から認知した最初の
最高裁判決となったのである．こ
の裁判闘争は，大阪と神戸を結ぶ
国道43号線（および平行して走
る阪神高速道路）の被害で，沿線
住民は騒音と振動，排ガス，アス

東京湾アクアライン
「海ほたる」から木更津側を望む［写真提供・毎日新聞社］．

ファルトの粉塵に悩まされていた．勝訴は国道沿い被害者たちによる20年におよぶ長い戦いの末の成果であり，最高裁も住民の「受忍限度を超えている」と判断したのである．この判決ののち，行政の間でも「道路公害」についての配慮がみられるようになったが[3]まだ十分とはいえない．

道路公害の被害は人間の健康だけではない．東京都の外側，千葉県，茨城県，埼玉県，神奈川県を環状につなぐ首都圏中央連絡道の計画は，里山や高尾山の自然景観を一変させるし，オオタカやオオヒシクイという鳥類の生息を不可能にするのではないかと，危惧している人びとが少なくない．また，とくに建設費をかけたことで有名になったのが，中央連絡道の延長上の千葉県木更津と神奈川県川崎を結ぶアクアラインで，それはバブル絶頂期の1989年に着工され，1997年に完成した．建設主体の会社からの公団の買い取り価格が1兆2000億円，40年間に支払う利息が1兆1100億円である．この

アクアラインは関東圏の人たちには喜ばれている印象をもつ．ただそれは，「海ほたる」と名づけられた海上の中継地などが観光地として人気を得ているという側面があるからである．これほどの費用を国民が負担してまで，海を横切る人工の道路をつける必要があったのかやはり疑問が残る．このような"高額な道路"が日本の各地にみられるのである．

　以上みてきたように，道路などの公共事業は私たちにとって必要なものではあるが，人間と環境を破壊する状況をも生じさせていること，そしてその経費が結局は国の財政赤字となって将来の国民の負担となっていくことにも注意を払わなければならない．

　つまりこういうことになるだろう．公共事業は，社会的に不可欠な産業基盤や生活基盤を整備するための大切な事業である．しかしながら，かなり不必要な公共事業があきらかに存在している．そして公共事業は膨大な国家財政支出を要求するので，そのツケは将来の国民の肩にかかることになる．とりわけ私たち環境保全を大切と考える立場からすれば，環境破壊を必ず伴う土木工事，それも，必要度の低い公共事業によって，かけがえのない環境を破壊されるという事態は，なんとしてもくい止めなければならないのではないだろうか．

3 ── 水・エネルギー不足と住民

── 水・エネルギー不足とダム・発電所

　施設そのものが遠くにあるために，道路や上下水道ほどに私たちに身近に感じられないものの，私たちの生活のありかたを大きく左右している問題にエネルギー問題がある．とくに巨大ダムや原子力発電所をつうじての電力の問題は，環境問題と深く関わって，深刻

である．私たちの生活から電気をなくすわけにはいかない．けれども，巨大ダム建設は著しく自然環境を破壊するし，原子力発電所はひとたび事故が起これば，かなり広大な地域の住民に深刻な健康被害を与える．そのことを私たちは，スリーマイルやチェルノブイリの原発事故*をつうじて知っている．

　小さなダムの場合は，自然やそこに住んでいる人たちに与える被害は比較的小さく，地域社会での工夫をつうじてなんとか解決の方法があることも少なくない．深刻なのは規模の巨大なダムや大がかりな河口堰などの建設である．またむずかしいのは，そのような巨大施設がなんらかのかたちで自然環境を破壊するとしても，他面，プラスの側面ももつことである．洪水の危険性が少なくなったとか[4]，安定的な水や電力の供給ができるようになったとかである．しかしながら，世界の巨大ダムの実態をみてみると，短期的には利益が大きいが，長期的視点に立つと不利益の方が大きいというのが実状のようである．

　一例として，エジプトのアスワン・ハイ・ダムをとりあげよう．このダムはいまからおよそ30年前に15億ドルの費用をかけて建設された巨大ダムで，ダムの高さは川の水面から100メートル以上もある．このダムはどのような利益をもたらしたか．洪水の減少や干魃をまぬがれるようになった．水が豊富になったので収量の高い穀物や換金作物が多くとれるようになった．電力を豊富にまかなえるようになった．

　この利益にたいしてなにが問題なのか．養分が豊かであったナイル川の汚泥がダムでせき止められ，土地が痩せてしまった．その結果，エジプトは世界で一番濃密な化学肥料を使う国になった．ナイル川下流のデルタがやせ衰え，年間3万トンとれたイワシの漁場が消滅した．せき止めた水の蒸発がひどく塩分が著しく増大し，土壌

の塩性化がすすみ，現在，農地の3分の1が塩害によって収量が減ってしまった．すなわち，土壌が痩せてしまったために，肥料と給水に多くのお金をかける必要に迫られ，その結果，その支払いのためにますます多くの輸出作物をつくらなければならず，農地の酷使がつづいているし，食糧の輸入国になってしまった．これが不利益である．またカイロは電力のおかげでアフリカ最大の都市となったが，都市の無秩序な肥大もあり，この豊富な電力の評価は分かれている．

すなわちここで記したように，自然の破壊にはとりあえず目をつむったとすると，短期的にはあきらかに利益が見られる．しかしながら長期的な視点にたつと，ジワジワととんでもない農地の荒廃が進んでいって短期の利益どころではない深刻な問題を将来に抱えることになった．しかし現在もこのような巨大ダムをつくる傾向はとまらず，たとえば中国でも三峡ダムが2009年の完成をめざして，工事が進捗していることなどはよく知られている事実だ．

＊スリーマイルとチェルノブイリの原発事故：スリーマイル原発事故は，1979年3月に，アメリカ合衆国のペンシルバニア州にあるスリーマイル島の原子力発電所における炉心溶解を含む事故である．放射能汚染のため2年間の立ち入りが禁止された．事故以降，付近住民の死亡率が上昇したとの指摘もある．もうひとつのチェルノブイリ原発事故とは1986年4月に，旧ソ連のウクライナ共和国キエフ近郊にあるチェルノブイリ発電所でおきた大規模な爆発事故のことである．直後に31名が死亡し，旧ソ連の範域を中心に数万人におよぶガン発生の被害が懸念されている．

代替エネルギーという選択

このような水やエネルギー不足を理由とした巨大ダムや原子力発電所の建設をくいとめることは可能なのであろうか．可能にするための解決方法として目下のところふたつの方法が考えられている．

ひとつが代替エネルギーで対応する方法で，もうひとつは，水やエネルギーの浪費を止めるという方法である．

代替エネルギーとは，石炭や石油という化石エネルギーや原子力エネルギーのような今まで使われてきた方法に代わって，自然エネルギーや再生可能なエネルギーを使うという方法である．風力や太陽光，バイオマスなどによる発電が私たちにも少しずつ身近になりつつある．風力発電については，最近，白くて大きな風車を目にした人がいるかもしれない．あるいはアメリカのカルフォルニアにある多数の風車の写真を見たかも知れない．わが国では，風車でまちづくりをしようと考えている地方もある．また，太陽光のエネルギーについては，建物の屋根に備え付けられたパネルに気がついた人も少なくないだろう．

バイオマスについては，あるいはイメージが湧かないかも知れない．バイオマスとは生物資源のことである．生物資源だから，木や草，生ゴミ，動物の屎尿など多様である．世界的に見て，もっとも手軽で長く使ってきたバイオマスは薪(たきぎ)である．野山から木を伐ってきてそれを家庭の燃料にする方法だ．これは，環境を考えたときに，プラス・マイナスの両面がある．山の木を伐りすぎて，山の破壊をもたらした地域もあるし，うまく再生しながら木を使っているところなど多様である．

現在の代替エネルギーの最大の問題点は，かける費用の割に取り出せるエネルギー量が少ない（費用対効果）ということである．これは将来の技術的工夫でかなりの進展が期待されよう．社会学的な関心としては，代替エネルギーという"環境にやさしい"エネルギーをどのように社会に普及させるかというところにある．具体的には，国家や地方自治体の政策の位置づけや実際にそれを使っているNPO団体の活動，それを促進しようとする運動体の分析などが考え

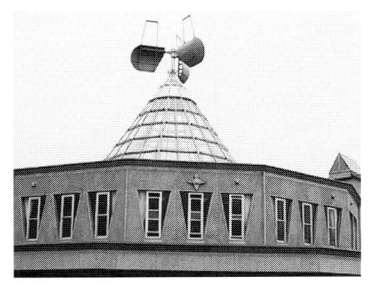

風の町の風車
山形県立川町では,風車を使ってまちづくりをしている.左はエネルギー効果の高い風車であるが,右のように中学校の校舎の上にも椀状の風車を取り付けている.

られ,そういった研究成果もあらわれはじめている.たとえば,国家のエネルギー政策の変換をうながすには,市民による熱心な参加という直接民主主義手法が効果的とは言い難く,政権交代などの選挙に基づく間接民主主義の方が効果的である.それを受けて,その政策の実際的な実現段階においては,市民の発想とその実践が大切だというような研究が,社会学の分野でみられる(田窪裕子,2002).

●────ライフスタイルの変革

　水やエネルギーの不足に対応するもうひとつの方法は一見簡単なことである.すなわち,水やエネルギーの浪費を止めればよい.しかしそれを実行に移すのは,思うほど簡単なことではない.この難問に挑んで成功した例として,アメリカ合衆国,カリフォルニア州のサクラメント電力公社のランチョ・セコ原子力発電所閉鎖をめぐってのプロセスをみてみたい.これはひとつのヒントとして参考になるだろう.

　この発電所は幾度か故障などのトラブルをおこしていたのだが,スリーマイルとチェルノブイリの原発事故で住民は大きな不安を抱

くようになった．そして，地域社会を二分する争いとなり，発電所は 1989 年に住民投票で閉鎖が決定された．注目すべきなのは，その後の電力会社の対応である．この原子力発電所が閉鎖してしまったので，サクラメント電力公社では他の電力会社から購入する電力が全体量の 86 ％にもなってしまった．放置すればこの電力会社の経営破綻か他の電力会社に吸収されるかの道しかなかった．それに対する対応策としては，新たに水力発電所か火力発電所をつくることであったが，1980 年代以降カリフォルニアは干魃(かんばつ)つづきで水力に期待することは危険であった．またカリフォルニアでは大気汚染が深刻化しており，火力発電所建設にたいして，環境団体の反対は十分に予想されたし，州の規制もきびしかった．そこでこの電力会社は考え方を 180 度変えたのである．

　伝統的には電力の消費が増えれば，電力会社の利潤も増大する，という考え方であった．それに対し，新しい考え方は，電力の消費を抑えて，発電所などの電力の設備は増やさないようにしつつ，その稼働率を高めて経営改善に努めるという方法である．そしてその効果を「省電力発電所」と名づけた．この方針は消費者にエネルギー効率の高い冷蔵庫やエアコン，照明設備への買い換えを推奨するなど消費者の努力をも要求するものであった．

　このサクラメント電力公社を分析した長谷川公一はその成果を次のようにまとめている．「電力公社はただよみがえっただけではない．地域社会からの信頼の回復に成功したうえに，①環境負荷を最小にし，②電力サービスのコストを切り下げながら，③顧客には最大のエネルギー・サービスを提供し，④顧客との間にコミュニティ意識をつくりだすことに成功した 21 世紀の電気事業者のモデルとして評価」された（長谷川公一，1996）．

　このサクラメント電力公社の成功の陰には，あきらかに地域住民

が自分たちの従来のエネルギーの消費のしかたを変えていくことに積極的に取り組んだ事実があったことを見逃してはならない．従来の大量消費の生活が結局は環境を，そして自分たち自身の暮らしをダメにすることを地域の人たちは自覚していたのである．

　地域社会をよくしていくために公共的な事業は不可欠である．だが，それに並んで，地元が自分たちの地域社会のあり方を自分たちの責任で考えるという姿勢をもつことが非常に大切であることを以上の事例は示していると思う．そしてそれは，ライフスタイルの変革へと結びついていくものであろう．

　　1）　1950年代の建設省大臣官房企画室長は次のようにいっている．「偏狭な，しかも荒廃せる国土にぼう大な人口を擁していた終戦直後において，『インフレ』経済の進行途中にあらわれた公共事業は，まさしく失業者の救済を第1次の目標として取り上げられた．それは飢餓に直面した国民経済の下においては，事業の即効的な生産効果にその重点を指向し，雇用の効果を重視せざるを得なかったからである」(建設省大臣官房企画室，1956)．
　　2）　もっとも1990年代の後半に入ってからは，公共事業が経済対策に効果があるという主張に疑問を投げかける声がかなり出はじめている．
　　3）　たとえば神奈川県は，国道43号線訴訟の国と公団の賠償責任を認めた最高裁判決を受けて，3カ月後の10月31日に，環境や土木などの部局が参加した部長会議で「道路と環境」を議題に，可能ならば来年度予算で，道路公害に対応する具体的な施設やソフト面での補強を図っていくという方針を決めた（『朝日新聞』神奈川版，1995年11月1日）．
　　4）　ただ「洪水の危険性が少なくなる」ということ自体に疑問を投げかける声もある．

【引用文献】
『週刊金曜日』編集部編，1997，『環境を破壊する公共事業』緑風出版．
『朝日新聞』1998年1月11日．
フレッド・ピアス（平澤正夫訳），1995，『ダムはムダ』共同通信社．
長谷川公一，1996，『脱原子力社会の選択』新曜社．

田窪裕子，2002,「エネルギー政策の転換と市民参加」『環境社会学研究』8号，有斐閣．
建設省大臣官房企画室編，1956,『公共事業と失業対策』学陽書房．

【参考文献─勉学を深めるために】

五十嵐敬喜・小川明雄，1997,『公共事業をどうするか』岩波新書．
公共事業チェック機構を実現する議員の会編，1996,『アメリカはなぜダム開発をやめたのか』築地書館．
舩橋晴俊・角一典・湯浅陽一・水澤弘光，2001,『「政府の失敗」の社会学』ハーベスト社．
井上孝夫，1996,『白神山地と青秋林道』東信堂．
浜本篤史，2001,「公共事業見直しと立ち退き移転者の精神被害──岐阜県・徳山ダムの事例より」『環境社会学研究』7号，有斐閣（環境社会学は公共事業についても，どちらかというと，当事者の住民分析を得意とする伝統をもっている．この論文や次の論文などがその典型である）．
田中滋，2001,「河川行政と環境問題──行政による公共性独占とその対抗運動」舩橋晴俊編『講座環境社会学2　加害・被害と解決過程』有斐閣（河川の近代化過程での行政のはたしたマイナスの機能および反対運動についての整理がなされている）．
足立重和，2001,「公共事業をめぐる対話のメカニズム──長良川河口堰問題を事例として」舩橋編『講座環境社会学2』有斐閣（長良川河口堰問題を行政と反対運動者との対話を分析することからコミュニケーションを通じての解決策の可能性を模索している）．
寺田良一，1995,「再生可能エネルギー技術の環境社会学」『社会学評論』108号，日本社会学会．
鳥越皓之，2003,「環境とライフスタイル──物質・エネルギー論から精神・コミュニケーション論へ」今田高俊編『産業化と環境共生』ミネルヴァ書房（今後の社会の方向性）．
植田今日子，2004,「大規模公共事業における『早期着工』の論理──川辺川ダム水没地域社会を事例として」『社会学評論』55-1，日本社会学会（住民がダムの早期着工を希望する意味を問いかけている）．
帯谷博明，2004,『ダム建設をめぐる環境運動と地域再生』昭和堂（河川政策や地域の発展のあり方についても言及されている）．
平川全機，2004,「合意形成における環境認識と『オルタナティブ・ストーリー』──札幌市真駒内川の改修計画から」『環境社

会学研究』10号,有斐閣.
西城戸誠,2004,「抗議活動の生起と『運動文化』に関する比較研究」『環境社会学研究』10号,有斐閣(社会運動の側面から,調査をし,論文をまとめようとするときのよい参考となる).
丸山康司,2005,「環境創造における社会のダイナミズム——風力発電事業へのアクターネットワーク理論の適用」『環境社会学研究』11号,有斐閣(よそ者論をふまえてアクターたちの関係を分析し,多様な利害構造を明らかにしている).
青木聡子,2005,「ローカル抗議運動における運動フレームと集合的アイデンティティの変容過程——ドイツ・ヴァッカースドルフ再処理施設建設反対運動の事例から」『環境社会学研究』11号,有斐閣.
中澤秀雄,2005,『住民投票運動とローカルレジーム——新潟県巻町と根源的民主主義の細道』ハーベスト社.
黒田暁,2007,「河川改修をめぐる不合意からの合意形成——札幌市西野川環境整備事業にかかわるコミュニケーションから」『環境社会学研究』13号,有斐閣.

11 歴史的環境保全の運動

1 ── 歴史的環境保全運動の成立

── 信仰の力から法律へ

　歴史的な遺跡や町並みなどを保全するための配慮や運動は，欧米をはじめ世界の各地でずっと行われてきたことである．わが国でも，いつからという時代の特定はむずかしいけれども，かなり古くから歴史的に重要と思える遺跡や建物，風景を保全していこうという配慮や地元の努力がみられた．そのような努力なくしては，たとえば近代になってからの吉野山の桜や京都の歴史的建造物の保全はむずかしかっただろう．日本では，信仰の力というものがそれらの保全に一役買っていた場合が多い．吉野では桜は神木といわれており，神木だと人びとはむやみに桜を伐れなくなるばかりでなく，それをいたわる気持ちが出てくるからである．近代以降（明治時代以降）になると，法律が歴史的環境保全に重要な役割をもつようになる．1897（明治30）年成立の「古社寺保存法」が最初にそれを担い，ついで1919（大正8）年制定の「史蹟名勝天然紀念物保存法」も大きな役割をはたした．

── 第1次，第2次歴史的環境保全運動

　1960年代の後半頃から，住民運動としての歴史的環境保全がマスコミを通じて一般に注目されるようになってきた．これは当時の高

度経済成長にともなう各地の乱開発と関連がある．開発という名のもとに，歴史的な遺跡などが破壊される危機を迎えたからである．たとえば，1963 年の奈良公園一角の近代的な奈良県庁舎建て替え計画，1964 年の京都駅前の京都タワー建設問題，同年の鎌倉市の鶴ヶ丘八幡宮の裏山の宅地造成計画問題などがそうである．

　このような問題を契機として，各地でさまざまな歴史的環境保全運動が起こっていくことになるのだが，そのうち，1960 年代からの「地域全体の歴史的景観保全」を目的とするものを「第 1 次歴史的環境保全運動」と呼ぶことにしよう．次に，とりわけ 1980 年代頃から目立つようになってくる別の新しい形態の歴史的環境保全運動の流れがあるのだが，それを「第 2 次歴史的環境保全運動」と名づけよう．この第 2 次の運動の目的は「生活に身近な歴史的建造物の保全運動」であり，具体的にはそのほとんどは明治期などに建てられた西洋建築やレンガづくりの橋梁などの近代生活用施設・産業施設の保全運動であった．

　第 1 次の運動においては，地域開発と歴史的環境保全は対立する関係にあると考えられていた．したがって，それは開発側へ圧力をかける保存運動という形をとった．開発側に圧力をかけて，計画を止めさせるか，大きく変更させることが目的であり，政治・経済界や宗教界ルートだけでなく，マスコミをも利用する活動形態をとることが多かった．その典型が先に上げた京都タワー建設問題であったろう．この開発か保全かという対立は高度経済成長という当時の行き過ぎた開発に対する阻止の姿勢であったといえる．

　ところが，この時期より少し遅れて 1970 年近くなってから動き始めた長野県の妻籠宿という宿場町の保存運動は，いままでの考え方を大きく変える論理を構築した．「それは保存こそ真の開発だ」という考え方であり，両者が対立するという前提を取り払ったのであ

る．それは「第2次歴史的環境保全運動」へと繋がっていく論理であった．妻籠の伝統的町並みの復元によって，過疎の里に爆発的な観光客の増加をもたらすことになったのである[1]．

さて，このような経緯を経て，歴史的環境保全運動は新たな契機を迎えることになる．以下の節では，次の展開である「第2次歴史的環境保全運動」を中心の課題にすえながらも，歴史的環境保全政策全体の課題を検討することにしよう．

2 歴史的環境保全運動の目的

なぜ歴史的環境を守ろうとするのか

歴史的環境を守ろうとする第2次の住民の運動は，それほどは歴史の古くないものに向けられた．そのことは注目に価する．その理由はどこにあるのだろうか．千年，5百年もたったような歴史の古い神社や仏閣は法的な保護のもとにあったし，関係者はたいへん注意深くその保存に努めていた．それに対し，住民が守ろうと立ち上がったのは，歴史的にさほど古くない建物・橋梁・港湾施設などであって，明治や大正期に建てられた西洋建築や江戸末期の旅籠などであった．当時，それらは法的，また歴史の専門家の立場からすると，文化財として保護の対象になるほどには値打ちのあるものではないと判断されていたのである．そのために，住民は"運動"をせざるを得なかった．けれども，なぜ一般住民がその保存を唱えるようになったのかを考えてみると，法律が大切と判断するものと住民（市民）が大切と判断するものとの間に微妙な差異が生じていたことに気づくのである．

すなわち，住民が守ろうとしたものは人びとの生活に密着した建物などであって，そこにあることが「生活の安らぎ」「生活にアク

セント」をあたえるというような種類のものであった．これらの運動のプロセスを検討すると，多くの場合，外部の建築の専門家などが，その値打ちを教えてくれたことを契機に，地元もそれほど値打ちがあるのか，と再評価することが運動の始まりになることが少なくない．そして，それらの運動は概して，特定の建物の保存運動だけに終わることなく，その建物などの施設を抱えた地元の暮らし全体のありようを考える運動になっていく．それは別の言い方をすると「経済的な豊かさ」よりも「心の豊かさ」を求めようという運動となっていくのである．すなわち，素朴に地元の経済的発展をねらうのではなく，そこに住んでいることに魅力を感じる，そのような地域にしていこうという運動となる．そのことが，この第2次歴史的環境保全運動の特徴である．

●──────豊かさ形成運動

　歴史的環境保全運動は，しばしば，歴史的環境保存運動とか歴史的環境保護運動ともいわれる．そこに「保存」や「保護」という用語が入っているため，たんに保存をするというように理解されやすい．しかしながら，その本質は「保存運動」ではなく「形成運動」といった方がよい側面をもっていると私は考えている．なぜなら，現実の運動をつぶさに検証してみると，歴史的な建造物や町並みなどを保存することを通じて，最終的にはその地域の地域形成に努めるようになる事実が非常に多いからである．したがって，本書では保存と形成のふたつの要素をもつ運動として「保全運動」と表現しておこう．

　もちろん現実には，歴史的環境保全運動の本質部分に「形成運動」が含まれていることに気づかなくて，「保存運動」に終始した地域もなくはない．そのことによって，ひどい場合には，その地域

がゴースト・タウンか映画のセットの残骸のようなものになってしまったというケースもある．なぜなら，町並み保存などはそこに住む人たちの家屋にさまざまな規制をかけるので，たんに保存だけの目的だと住みづらくなり，その結果，その地域から引っ越しをする人が続出し，規制のある家屋に新しく住もうという人もなく，喫茶店など客商売の店にも人が来なくなってしまうからである．そのようなことは，京都など歴史的環境保全に優れた実績を持っているところでも，一部の地区で実際にあったことである．それが善意の運動であるだけに，まことに残念である．

Column

旧朝鮮総督府の取り壊し

韓国ソウル市の李氏朝鮮の旧王宮，景福宮内に日本の植民地時代に建てられた旧朝鮮総督府（1910年から45年に日本が朝鮮［今の韓国，北朝鮮］に置いた植民地統治機関）の建物があった．それを韓国が取り壊すことを決めたときに，建築家など歴史的環境保全に関心の高い日本の人たちが戦前の大切な洋風建築（1926年完成）であるから，保護すべきであるという運動を起こしたことがある．そのときに「韓国人の心の痛みを理解しない不道徳な行為」として，韓国の市民から非常に強い批判を受けた．それに対し，建物の保全を訴える日本人の人たちは「建物に罪はない」と反論した（『朝日新聞』1991年6月6日）．

日本の善意の人たちは，旧王宮内の旧朝鮮総督府の建物を取り壊すことが単純にたとえば道

旧朝鮮総督府
後ろの洋風の建物．手前は光化門．©Taro Igarashi

> 路拡張のために取り壊すという種類のものではなく，韓国が日本の植民地から半世紀を経て，国レベルの広がりをもった地域社会の政治・社会的・文化的自立と成熟の過程で生じた決断であったことを見逃していたのである．韓国の代表的新聞『朝鮮日報』は1990年にこの旧朝鮮総督府の建物をどうするかという論議が出たときに，「いまや，威信と体面を知るほどにわれわれは成長した」（『朝日新聞』1990年11月7日）という言い方をしている．
> 　この韓国固有の地域社会の形成（豊かさへの希求）を実現しようという考え方から見たとき，ソウル市内の象徴的中心にそびえる旧朝鮮総督府は喉に引っかかった小骨であって，「戦前の大切な洋風建築の保護」でとどまった論理では受け入れ難かったのである．
>
> 　　　　　　　　　　　　　　　　　　　出典：鳥越皓之（1997）．

　これらの失敗例を教訓として，歴史的環境保全運動のあり方を考えるなら，住民が善意として保存するだけでなく，必ず，なぜ保存をするのか，ここで住むのはどのような意味があるのか，という問いかけのもとに，その地域を未来に向かって形成する論理をみずからがつくる姿勢が不可欠であることがわかる．この問いかけが不十分であると，コラムに示した旧朝鮮総督府保存運動のように，地元の韓国の人たちの心を逆撫でするような無邪気な保存運動を起こすことがある．韓国の旧朝鮮総督府の建物はソウル市の李氏朝鮮の旧王宮，景福宮敷地内に日本が建てた巨大な建築物である．それは景福宮の正面入り口である光化門のすぐ後ろにそびえ立っていた．当時の日本人にとっては威風を示すものであっただろうが，現地朝鮮（当時の表現）の人びとが同じように感じていたとは思いにくい．

　さてこのような保存の意味を問いかけた上でさらに，歴史的環境保全には政策的に次のふたつの課題を克服する必要が出てくる．そのひとつが「歴史的定点」の問題であり，もうひとつが「歴史的

事実」の問題である．

3 ─── 歴史的環境保全の課題

● ─── 歴史的定点をどこに置くか

　歴史的環境保全運動は，保存を目的としながら，その本質には形成がなくてはならないと述べた．ある地区を歴史的環境保全地区とするということは，その地区を映画のセットにすることではなくて，その地区が暮らすのにふさわしい場所，すなわち，そこに住んでいることで心の安らぎを覚えるとともに，できれば訪問者に喜んでもらえる場所，となることが望ましい．そしてもちろん，そこに住むことが経済的な負担を増すものであってはならない．つまり，歴史的環境保全はいま言ったように，施策として，そこに住む人の「生活」を基点に据える必要がある．だが，それを基点に据えることによって，必然的に，具体的な歴史的環境保全の計画を策定するにあたり，むずかしい問題をかかえることになる．それが歴史的定点の問題である．

　もし，たったひとつの建造物の保全であるならば，これは大した問題ではない．しかし現在，歴史的環境保全はひとつの建造物から町並みや歴史的景観の保全という地域ぐるみの保全の方向に進んでいる．歴史的環境保全の活動や運動は，建築物の改造や橋や道路の整備にあたって，いわゆるモダンなタイプへの改変に対して「待った」をかけつつ，さらにはかつての歴史的な建造物を再生するように働きかけている．しかし「かつて」というのはいつの時代をさすのだろうか．

　たとえば，京都の祇園新橋の町並みを保存するというとき，いつの時代の祇園をイメージすればよいのであろうか．町はいつも変貌

しつづけているものである．これが奈良の明日香村の歴史的景観保存となると，もっと話は複雑になる．明日香村の魅力は古代である．しかし明日香村にも古代から現代までの歴史の流れがある．現地を訪問してみると，あきらかに現在の明日香村の景観保存は古代の復活には向かっていない．村内を流れる飛鳥川がかつて万葉集で歌われた時代もあるが，そのイメージの再生を目的とすれば，そこに住んでいる明日香村村民 7 千人のうちのかなりの人に立ち退いてもらわねばならない．古代の飛鳥川周辺に地元民 7 千人は住みすぎである．現に，現在の明日香村の景観を法的に守っている「明日香村における歴史的風土の保存及び生活環境の整備などに関する特別措置法」（1980 年制定）はそんな古い時代を想定していないようである．現実には，宅地開発を避けて農業保存に力を入れているのだが，それは田園風景を大切とみなしているからだろう．改築される建物から想定すると，江戸時代末期から明治期あたりをイメージしているのではないかと思われる．なぜその時代に照準を合わせたのかといえば，その時代あたりの風景が，"近代の乱雑さ以前" というイメージとマッチするからだろう．

　つまり，ここで問題点としてあげておきたいのは，歴史的環境保全にはいつの時代のものを保全したいと思っているのか，ということについての「歴史的定点」が問われる，ということである．この定点の位置によって，あるものには保存する値打ちが出，あるものには値打ちがなくなってしまうのである．人びとが歴史的環境保全に賛成したり反対したりするときも，定点の位置によって，その賛否は変わりうるのである．したがって，どの時代を定点とするかということを必ずしも厳密に決定する必要はないが，政策や計画を立てるときに自覚はしておく必要がある．

●────歴史的事実と歴史的イメージ

　ところが歴史的環境保全は，この定点の問題とはある種の矛盾をきたす原理的な問題をもうひとつかかえている．それが「歴史的事実」の問題である．

　もしそこに住む人びとの心の豊かさを基本におきつつ，それに加えてそこを訪問する人びとに心の安らぎを与えることを目的とするならば，歴史的環境保全の施策は歴史的事実にそれほど忠実である必要がないのかもしれない．つまり歴史的環境保全運動はその地域を野外歴史博物館にする運動ではない，という自覚が必要なのかもしれない．でないと，次にみるような沖縄県竹富島の町並み保存運動は批判されるべきものとなるであろう．

　竹富島は古き良き沖縄を示す赤瓦の町並みと白砂の道で有名な小島である．この竹富島の赤瓦の民家群の調査結果によると，竹富島の歴史的環境保全の実態は以下のようだという．「島の建物が，古くから『赤瓦屋』と呼ばれている赤瓦屋根のものであったかというと，必ずしもそうではなかった」．それは明治期後半の1905年以降にはじめて出現したものであり，それも1軒めの赤瓦屋が建ってから60年近くたった時点でもその約4割はまだ茅葺き屋根であった．すなわち，竹富島の「伝統的な町並み保存運動」がめざしている「赤瓦屋が大部分である伝統的町並みは，過去に一度も存在しなかったのである」（福田珠己，1996）．そして「沖縄の原風景を残した，石垣と赤瓦の里」としての竹富島では非伝統的な郵便局や学校のような近代建築にも赤瓦を葺くようになってきた．

　すなわち，竹富島の伝統的町並み保存運動は歴史的事実というよりも，歴史的イメージづくりに結果としてポイントをおいてきたわけで，しかもそれが成功しているのである．ただこのような状況は

沖縄県竹富島の赤瓦の家と白砂の道，石壁

ひとり竹富島だけで生じているのではなく，先にあげた明日香村においても農家の農具を入れる納屋の多くが白壁の立派な建物になっている．それは，同地を調査した専門家の指摘によると，助成金をもらって住民が建て直すときに景観に配慮した基準が設定されており，掘建て小屋では「景観として見苦しい」からそうなったのではないかということであった．

　そこに住む住民たちはそれぞれ自分たちの生活文化をもっている，加えて，観光資源を形成するのも地域活性化のひとつの方策として十分に首肯できる．ただ，地元の主体的な生活のあり方の模索と離れた基準が入り始めると，なにやらあやしげになってくる．明日香村の農具小屋は少しばかり疑問のあるところである．

　以上，歴史的環境保全運動の3つの原理的な問題，すなわち基本的な考え方としての「保存と形成」の問題，そしてそれにともなう「歴史的定点」「歴史的事実と歴史的イメージ」について検討した．地元の生活にポイントをおいて運動を考えながら，この3点は常にはずすことはできない課題となるだろう．

● ハードに加えてソフトを

　いままで述べてきたように,歴史的環境保全運動は,主として建築や橋梁などのハード面に政策としては焦点が定められてきた.このハードを保全した上でそれをまちづくりにどのように生かすかという考え方であった.しかしながら,歴史的環境として,これからはソフトそのもの,すなわち音楽や踊りや演劇などを加える必要があるように思う.なぜなら,環境社会学が歴史的環境を対象とするときには,その地域固有の生活資源の掘り起こしという発想があるからである.もっとも,この分野の研究はまだその緒についたばかりであり,今後の発展を待たねばならない[2].

　ただ,最近とみに注目をあつめ始めている世界遺産に認定された歴史的環境を保存するための政府や地方自治体を中心とした活動をみても,ハードのみに関心が集中している感がある.そのため,そのもとで暮らす住民の不満(日常生活に対する制度的束縛)が聞かれたり,地元本来の生活の活力が鈍り,観光だけが栄えるという皮肉な現象が生じたりしている.

　　　　　1) 妻籠宿の歴史的環境保存運動については,いくつかの紹介があるが木原啓吉(1982)が分かりやすいであろう.
　　　　　2) このソフトについての環境社会学の論考としては淡路の人形浄瑠璃をあつかった鳥越皓之(1997, 256-270頁)や岐阜県の郡上おどりをあつかった足立重和(2000, 132-154頁)などがある.

【引用文献】
福田珠己, 1996,「赤瓦は何を語るか」『地理学評論』69-9, 日本地理学会.
林迪廣・江頭邦道, 1984,『歴史的環境権と社会法』法律文化社.
稲垣栄三, 1976,「歴史的環境の保全」『ジュリスト』4, 7月号, 有斐閣.
環境文化研究所, 1987,『住民調査にみる歴史的環境保存の実態と

意識』環境文化研究所.
環境文化研究所, 1988, 「歴史的環境保存と地域振興」『飛鳥地方の歴史的環境保存と地域振興のための調査』環境文化研究所.
鳥越皓之, 1997, 『環境社会学の理論と実践』有斐閣.
足立重和, 2000, 「伝統文化の説明——郡上おどりの保存をめぐって」片桐新自編『歴史的環境の社会学』新曜社.
木原啓吉, 1982, 『歴史的環境』岩波新書.

【参考文献—勉学を深めるために】

片桐新自編, 2000, 『歴史的環境の社会学』新曜社(本書は歴史的環境を考える場合の基本的な書物である. 1章で片桐によって, 環境社会学における歴史的環境の位置づけがなされている).
野田浩資, 2001, 「歴史的環境の保全と地域社会の再構築」鳥越皓之編『講座環境社会学3 自然環境と環境文化』有斐閣(歴史的環境の全体の見取り図を理解するのに有益な論文).
野田浩資, 1996, 「"歴史的環境"というフィールド——平泉町柳之御所遺跡の保存問題をめぐって」『環境社会学研究』2号, 新曜社.
吉兼秀夫, 1996, 「フィールドから学ぶ環境文化の重要性」『環境社会学研究』2号, 新曜社.
牧野厚史, 2002, 「遺跡保存における土地利用秩序の共同性と公共性——佐賀県吉野ヶ里遺跡保存における公共性構築」『環境社会学研究』8号, 有斐閣.
堀川三郎, 1998, 「歴史的環境保存と地域再生——町並み保存における『場所性』の争点化」舩橋晴俊・飯島伸子編『講座社会学12 環境』東京大学出版会(「場所性」をキーワードにして分析).
荻野昌弘編, 2002, 『文化遺産の社会学』新曜社.
足立重和, 2004, 「ノスタルジーを通じた伝統文化の継承」『環境社会学研究』10号, 有斐閣(観光について考えるときに有益).
森久聡, 2005, 「地域社会の紐帯と歴史的環境——鞆港保存運動における〈保存する根拠〉と〈保存のための戦略〉」『環境社会学研究』11号, 有斐閣.
五十川飛暁, 2005, 「歴史的環境保全における歴史イメージの形成——滋賀県近江八幡市における町並み保全を事例として」『年報社会学論集』18号, 関東社会学会.
才津祐美子ほか, 2006, 「特集・世界遺産」『環境社会学研究』12号, 有斐閣.

12 景観の形成

1 ─── 心安らぐ景観

─── 動くものも景観ととらえる

　人びとは自分たちの「景観」としてどのようなものを望ましいと考えているのか．この章ではそれをあきらかにすることを目的としてみたい．最初に，こころ安らぐ景観とはどんなものかを考えてみよう．「景観」というと，普通は山や橋や家屋のような固定した外見だけをさすことが多い．しかし私たちは社会学的な意味の景観，つまり人びとの動きや祭などの特定の時期に生起する事象をも含めたものを，ここでは景観とよぶことにしたい．また，その社会学的な景観を十全に理解するために，ときには人の意識的なレベル（聖・俗とか中心・周辺など）に関わるところまで視野を広げる必要があるだろう．そのように景観の定義をふくらませると，この問題は前章の歴史的環境の延長線上に位置する課題であることに気づかれよう．

─── 南面家屋の好み

　モンゴル国の環境調査をしているときに，小さな発見があった．モンゴル国の伝統的な産業は遊牧で，遊牧民はヒツジとかウシとかヤギなどを飼っている．私は東アジアの国々のなかでモンゴル国だけには行ったことがなかったし，また，伝統的な産業が農業（とく

に水田稲作）である東アジアのなかでそこだけが遊牧の国なので，その異質性に調査の関心があった．ところが，意外なところで共通性があったのである．

　彼らはゲルとよばれるテント状の家屋に住んでおり，季節によって移動していくのだが，冬営地を訪れたときにその小さな発見をした．冬営地をどういう場所に設定しますか，と質問したときの説明にびっくりしたのである．彼らは南に面した傾斜地にゲルを設営する．後ろが丘で前か横に水が流れているところだ．前方はなだらかな傾斜地がよい．そういう場所ではそのなだらかな傾斜地に早春には草が育ちヒツジたちにとってもよいのだ，ということであった．もちろん南面しているから冬でもゲルの周辺は比較的あたたかい．小さな発見というのは，これは中国や韓国や日本と同じではないか，という発見である．

　私たち日本人が，どんな場所に住むと心が落ち着くかと目を閉じて想像してみると，後ろが山で前に小川が流れていてその先に田んぼが拡がる風景だ．もちろん家は南に面していて，縁側に陽が入り，庭のすぐ前や後ろの傾斜地は屋敷畑，その向こうに小川が流れ，はるか前方は田んぼだという風景である．そして家の周辺や後方の山にはカキやシイやトチが植えられている．もちろん日本人も多様であるから，電車の音がするにぎやかなところに住む方が心が落ち着くという人もいる．しかしこの南向きの家が日本人の庶民の理想の居住地の原型のように思える．

● 目に見える景観・目に見えない景観

　いま屋敷地からの視点で原型を考えてみた．その場合，山や川をかなり身近に意識しているが，少しズームアウトして，日本の村落景観として見てみると，3章で示した図 3-1 のように，居住地を中心

村のはずれの墓地
ここでは墓に木の墓標が立てられている．マイナスイメージの空間であるが，わが国では墓地に桜を植える習慣があり，地元の人にとっては，暗い墓地＝桜の花＝あの世，という繋がりをもつ見えない景観をも喚起するものなのである（京都府亀岡市）．

にしてその外側に耕地，さらにその外に山や川が拡がっている．すなわち，日本の村落は居住地がかたまる傾向を示す．自分の家の近くに他の家があるから，生け垣や庭の花や緑は自分たちの家の者だけが鑑賞するのではなくて，近隣の者たちの楽しみでもある．集落によると生け垣の緑に同じ植物を使ったり，前章の竹富島がそうであったように，同じ屋根瓦，同種の石垣にして，統一のとれた景観を呈する伝統をもっている集落もみられる．

集落には中心と周辺があるのが普通である．伝統的には村落の中心の空き地は年初の獅子舞がなされたり，小正月行事のドンドを焚く場であったり，盆踊りをする場であったりする．「聖なる中心」という言い方をしてもよいかもしれない．また，この中心に神社を配置している村落もあり，その場合は，神社は子どもの遊び場になったりして，鳥居の前の広場は人びとが仕事が終わってからなんとなく集まって雑談をする"社交の場"でもあった．神社を図 3-1 の耕地と山との線上，つまり境に接した山側に設置している村落も少なくない．風景としては神社の背景が山であったり，小高い丘の上に神社があることになる．この場合の神社は，村人にとっては，山という大きな自然と結びつくシンボルとして意識されることが多い．

現にその神社の祭神を山の神としているところもある.

　集落のはずれには,そこに墓地をおいたり,またクセジなどとよんで耕地にしてもあまり作物のとれない望ましくない場などマイナスの,あるいは暗いイメージの空間もある.このように村落空間は,人びとの意識のなかでは,平べったい空間ではなくて,中心や周辺,聖なる場所や不浄の場所などさまざまなプラス・マイナス,つまり心理上の起伏に富んだ空間として意識されている.すなわち,目に見える景観に重なってこのような目に見えない景観が存在するのである.またその地域に長く住んでいる人にとっては,自分の子どもの頃の景観と重ねて現在の目に見える景観を眺めていることが少なくない.

2 ── 人がつくる景観

── 自然景観・文化景観

　山や海の景色はすばらしい.私たちはそれらを堪能する.それは自然景観とよべるだろう.他方,私たちは海に釣り糸をたれる人,川で大根を洗う農婦や,京都の清水寺のにぎわい,金沢の物売り,また,東京の六本木ヒルズや神戸の旧居留地などの若者たちのにぎわいが醸し出す景色も好きである.

　いま,自然がつくる景観を自然景観,人間がつくる景観を文化景観とよんでおこう.ただこれは整理のためで,実際は純粋の自然景観のみを楽しむのは私たちにとってたいへん稀であるし,純粋の文化景観ばかりにひたっていると自然景観が懐かしくなるのが私たちの常である.すなわち,自然景観と文化景観はつながっているものだ.たとえば京都の寺の庭は「借景」をとりいれていることが少なくない.庭の背景として比叡山が聳(そび)えていたりする.寺の座敷に座

って，出されたお茶をすすっていると，自分のいる座敷が一番文化景観がつよく，枯山水の庭は自然と文化が混合した景観，借景の比叡山は自然景観となっている．このようにひとつながりになっていることも少なくない．

景観をつくる努力

歴史的に見てみると，私たちは自分の暮らしの環境をよくするために，つねに景観形成に配慮をしてきたということができる．分かりやすい例が桜であろう．

本来，自然の桜は，そんなに群落をなすものではない．しかし吉野山では桜がみごとな群落を形成している．前章で指摘したように，この山では桜は神聖なものとして伝統的に伐ることを許さず，他方，寄進などをつうじて植える者が多く，結果として吉野山は桜の名所となった．また，吉野山に限らず，昔の桜はすべてが自然の山桜であった．ところが，桜の品種改良が行われて，現在，私たちがよく目にする桜は里桜，たとえば1本の木の花数が多くいわゆる桜色をした染井吉野になってしまった．品種そのものに人間の手が加わったのである．

ところで，桜の名所といえば，多くの人はこの吉野山以外に，京都の嵐山，東京の上野公園などを思い出すであろう．それぞれが趣のある景観である．京都では嵐山の桜の満開の頃，すなわち，4月の13日を中心

嵐山，十三参り
渡月橋を渡っているところなので，後を振り返ってはならないために，女の子とその母親は急ぎ足で渡りきろうとしている．後方は嵐山の桜の山．

白河の関跡

とした日々に嵐山の麓にある法輪寺に 13 歳の子どもの幸福を願って「十三参り」が行われる．女の子はほとんど着物姿である．お参りの帰り道に渡月橋を渡るときには「どんなことがあっても振り返ってはならない」という言い伝えがあり，写真に見るように，子どもにとっては満開の桜を背にしての緊張した歩行である．このように着飾った 13 歳の子どもたちの姿が混じっているのが，京都嵐山の 4 月の景観である．一方，東京の上野など都会の桜の名所では，桜の下で車座になって，飲食をする習わしがある．人びとは木の花のなかでも，桜の木の下でのみ車座の共同飲食をする．これには奥深い歴史があるのであるが，いずれにしろ，これも桜の満開の頃の風物詩である．このように桜ひとつをとりあげても，自然と文化の混じった多様な景観が私たちの暮らしのなかで作られてきたことがわかる．

名所の変遷

ところで，伝統的にはどういう場所をすばらしい景観と私たちはみなしてきたのだろうか．名所，名勝，勝景など，すぐれた景観にたいして用いる用語がある．また，日本三景，富岳三十六景，近江

八景など特定の勝景をいくつか合わせてセットにした表現もある．そのなかで，伝統的にもっとも気安く親しまれたのは，和歌で読まれた歌枕の地ではないだろうか．歌枕とは古歌のなかで盛んに読まれた諸国の名所のことである．飛鳥川，天香具山，白河の関，和歌の浦，松島，田子の浦などがそうである．たとえば，白河の関では，「都をばかすみと共に立ちしかど秋風ぞ吹く白河の関」が有名である．このような歌の知識をもって歌枕の地を訪れた人びとは，歌に詠まれた歌人の心を自分の心に重ねながら，目に見える景観の助けを借りて"真の景観"を眺めたのであろう．

専門家の指摘によると，名所，名勝といわれるものは時代とともに変わるという．昭和新八景が生まれる過程を分析した研究によると，その時期，民衆の関心は，物見遊山や名所探訪から，「天然」（自然のこと）重視へと関心が移ってきたのだそうである．すなわち，都市の娯楽地や規模の小さい景勝よりも，上高地などの規模の大きい壮絶な大自然が好まれたのである[1]．

景観と保存

1927年選定の昭和新八景を大自然志向とするなら，いまの時代は

棚田保全運動
景観としての棚田の保全運動は都市と農村との交流を生んでいる．写真右の中央上の農村の人が都市の人たちに収穫方法の指導をしている（奈良県明日香村）．

どのような景観の新発見が行われているのであろうか．現在は，各地方自治体が自分たちの地域の名所の発掘や形成に熱心な時期といえよう．地方自治体としては，名所を地域の活性化に利用したいという意図をもっていることが多く，その結果，内容としては多様であり，規模としても小さなものが多数含まれるようになっている．

たとえば，愛媛県でみると，県がまとめた「愛媛の景観」は石鎚山(いしづち)(やま)のような大自然，海中公園の珊瑚，地区の渓谷などの規模の小さな自然，シカやサルなどの動物が集まる場所，桜や梅の名所，段々畑や棚田などの農地，城跡や砲台兵舎跡，民家などの歴史的遺跡，海峡に架けられるあたらしい橋や市街地など多様であり，その規模はほとんどが小さい．

ただ，ここで注目すべきことは，いままで関心をもたれなかった段々畑や棚田が，農村らしい美しい景観として"新たな"発見がなされると，それが保存されることになる事実である．そして名所の保存が，景観の保存や形成にとどまらず，環境の保全に一役を買うという事実である．景観の大切さを唱えることは，しばしば乱開発を阻止し，地域住民にとって望ましい環境を保全，形成するのに役立っているといえる．

3 ── 景観論と景観政策

── 多様な価値観と感性

景観を大切にする考え方は，地域環境そのものの保全につながるという意味でもすばらしいことである．他方，景観論は次のようなむずかしい課題も抱え込んでいる．すなわち「望ましい景観」というものには，人間の価値観や感性が大きな比重を占める．その結果，人びとの意見が分かれることになり，極端な場合は，景観論が環境

を破壊する,あるいは人間の生活を不幸にするという現象が生じることがあるということである.

　価値観の相違の要因は多いが,とくに目立つのは次のふたつである.ひとつは伝統的な景観が望ましいのか,近代的なモダンな景観が望ましいのかという「伝統―近代」という価値観の相違である.古都,京都ではこの問題がしばしば起こっている.近代的な京都タワーの建設や現代建築の粋を集めたといわれるJR京都駅ビルの建設のときにはそれぞれ伝統と近代の景観論争があったし,1998年には賀茂川にフランス様式の橋を架けるかどうかであたらしい議論を生んだ.

　また,ふたつめは「地域」による価値観の相違である.農山村に住む人と都市住民では考え方が異なることが多い.もちろん民族間でも異なるだろう.その例は前章のコラム「旧朝鮮総督府の取り壊し」で示しておいた.

　このように立場が異なると意見が対立するのも景観論なのである.とはいえ,景観というものが人間の価値観や感性に大きく左右されるということは,必ずしもマイナスとして受けとるべきではない.お互いの考え,お互いの気持ちを出しあって,一緒に景観を創り上げていくという姿勢を相互に持続していくことで,単なる景観論を超えたすばらしいまちづくりをした地区が少なからず存在するからである.

●――――景観政策

　私たちは景観について常に関心をもちつづけていたといったが,とくに2000年に入った頃から,景観について具体的な政策を出すべきだという意見が強くなってきた.それ以前にも,滋賀県など景観に関心の高い特定の地方自治体が,景観についての条例を制定して

いた例はある[2]．それが，国政レベルにおいても「景観」が前面に出てくるようになったのである．景観についてもっとも熱心なのが，公共事業の中心省庁である国土交通省で，また，農林水産省も類似の動きをしている．

　国土交通省は，2003年に「美しい国づくり政策大綱」を発表し，公共工事を行うにあたって「景観アセスメント」をすることなどをこの大綱に盛り込んだ．それぞれの地域の地元の人たちと専門家も含めた外部の人たちとで協議して景観の評価をすることになったのだ．

　このような動きに対して，公共事業の隠れ蓑だとか，アセスメントをすることで工法への要求が入り，余計に費用がかかるとかの不満の声も，一部には確かにある．だが，国が景観に配慮しはじめた事実は歓迎すべきことではないだろうか．近代になってから私たちの国土はあまりにも景観的に破壊されつづけてきた．私たちが観光地を訪れようとする場合，"近世の残っているところ"を探しまわるという奇妙な現象になっているのだから．

　ともかく，こういった傾向に対して留意すべきは，社会学からの関心でいえば，景観評価をする組織の作り方と意志決定の仕方をどのようにしていくかという組織レベルの分析と，景観をどのように理解し意味づけるかという解釈論レベルの分析であろう．現在のところは，屋外広告への規制とか，電線を地中化して電柱をなくすという類の議論が前面に出ているが，今後の課題としては，「文化や自然と人間との関係」から景観の政策を考えていくという，根元に戻ったところからの環境政策論を形成していく必要が出てこよう．

　水俣を調査した社会学者の鶴見和子が，水俣の人たちから学んだことは，自然を壊すと自然の一部である人間が壊れるということ，それはさらに人間関係が壊れるということだということを，いま80

Column

景色のおもしろさ，言語の及ぶところにあらず

　2004年6月に「景観法」が成立した．この法律は今後のわが国の「景観」（景色や風土）に対する政策を転換することになる非常に大切なものである．この法律の誕生は一般的には歓迎されており，たしかによい点をもつが，私はとんでもない欠点をも具備していると判断している．

　この景観法は実質的には国土交通省が原案の作成をしたものである．この法律が興味深いのは，これがいわば近代からポストモダンへと時代が切り替わるターニングポイントで生まれた性格をもっていることだ．今まで，国土交通省は近代化という目標をたてて，道路やダムや堤防の整備を整えてきた．その否定とは言えないものの反省として，「美」というきわめて感性的な要因を前面におしだしはじめたのである．この美というソフト要因に軸足を置き始めたことをここではポストモダンとよんでいるのである．

　今回の動きはそもそも国土交通省が2003年7月に『美しい国づくり政策大綱』を策定したことの延長線上にある．国土交通省や農水省（『水とみどりの「美の里」プラン21』）など，国土を土木畑から"改善"する省庁の旗印が「美」へとなびき始めたのである．

　この法律によって，景観計画区域での高層マンション建設に対する規制，屋外広告物や電柱に対する規制など，いままでの景観上のいくつかの課題を罰則規定をともなって克服できるようになった．これが長所である．

　他方，この景観法は大きくは3つの欠点をもっている．ひとつはいま言った高層マンションの高さ制限など民間業者による都市部の乱開発に対する配慮はなされているのだが，河川改修や高速道路などの公共事業による自然環境破壊に対しての配慮が特段に薄い点である．2点目は，『大綱』では明示されていた「景観ア

> セスメント」が後方に退いたこと．環境アセスメントに法的支え
> がみられないのである．3点目は住民の参画にもとづいて「景
> 観」を考えるという現在各地で育成されつつあるまちづくり活動
> という方向からよりも，関係者による計画にもとづいて景観をつ
> くっていき，違反者には罰則規定で対応するという考え方が結果
> 的に前面に出ることが予想されることである．
>
> しかし，なによりも危惧するのは，この方向の総体として，現
> 在進行しつつある，美しいけれども，なにか肌にしっくりこない
> 官僚的冷たさをともなった景観形成がいっそう進行していくであ
> ろうという事実である．たとえば，現在，川の流れている地方都
> 市で，機械的に蛇行した"親水"の河川が多自然工法という名の
> もとに作られているのがその例で，そのようなものが各地に山積
> されていくであろうという恐れを私はもっている．
>
> 江戸時代に貝原益軒が人びとが植えつづけた吉野山の桜を見て
> 「景色のおもしろさ，言語の及ぶところにあらず」という感動を
> 記したが，このような感動を生み出すこととは反対の，画一化さ
> れる方向の美つくりが始まっている．この法律の美の基準には
> 「景色のおもしろさ」の発想がまったくないのである．この「景
> 色のおもしろさ」をもった景観形成のためには，まちづくり組織
> でもよいが，地元の人たちが自由に討議でき，また計画権が保証
> されているなんらかの組織の形成が不可欠なように思われる．そ
> の地域の生活の記憶が内包されたものでないと，どこにでもある
> ありふれた類似の景観が各地で生まれてしまう恐れがあるのであ
> る．
> 　　　　　　　　　　　　出典：鳥越皓之（2004）を加筆修正．

歳を越えて心から実によく分かるようになった，とテレビのインタビューで話していた．そのとおりであろう．景観は比喩的に言えば，自然や文化を覆っている外皮のようなもので，景観を壊すということは，その内部の自然や文化を壊すということである．そして，そ

れはとりもなおさず，人間や人間関係が壊されるということを意味するのではないだろうか．景観については，このような根元からとらえる視点をもち，考え直していきたいものである．

1) このように，人間の手の加わった自然の方に最初に美を見いだし，純粋の自然に美を見いだすのはその後の時代になるという傾向はひとり日本だけではなく，かなり普遍的にあてはまるようである．たとえば，ヨーロッパの風景の研究によると，純粋の自然の美しさが意識されるようになるのは，ロマン主義の時代になってからであり，それ以前の時代では，山岳などの手の加わっていない自然はただの障害でしかないとみなされていたという．ロマン主義以前では，集落や田園などなんらかの形で人の営みの形跡が見られる土地に風景の美しさを見いだしていたらしい（ピエーロ・カンポレージ，1997）．

2) 滋賀県の条例は「ふるさと滋賀の風景を守り育てる条例」(1984年公布) である．その全文は，滋賀県のホームページから入手できる．また神奈川県真鶴町の「まちづくり条例」(1994年施行) は「調和」や「眺め」などの8つの美の基準を設けており，景観という側面から注目された．この条例も真鶴町のホームページから入手できる．

【引用文献】

白幡洋三郎，1992，「日本八景の誕生」古川彰・大西行雄編『環境イメージ論』弘文堂．

愛媛県，1997，『愛媛の景観』愛媛県生涯学習センター．

ピエーロ・カンポレージ（中山悦子訳），1997，『風景の誕生』筑摩書房．

鳥越皓之，2004，『理』No.2，関西学院大学出版部．

【参考文献—勉学を深めるために】

小椋純一，1992，『絵図から読み解く人と景観の歴史』雄山閣．

長谷川成一，1996，『失われた景観』吉川弘文館．

米田頼司，1997-1998，「和歌浦における景観問題」(上・下)『和歌山大学紀州経済史・文化史研究所紀要』17, 18号（現在のところ，環境社会学の景観研究は自然景観の研究はほとんどみられなくて，歴史的景観に関心がある．この論文や下の論文もそうである．ここでは伝統的な石橋の保存運動を取り扱っている）．

堀川三郎，2001，「景観とナショナル・トラスト」鳥越皓之編『講座環境社会学3　自然環境と環境文化』有斐閣．
野田浩資，2000，「歴史都市と景観問題——『京都らしさ』へのまなざし」片桐新自編『歴史的環境の社会学』新曜社．
永井良和，2000，「展望台という景観——近代都市と『高さ』」片桐編『歴史的環境の社会学』新曜社．
野田浩資，1999，「住民がつくる農村景観——滋賀県甲良町のまちづくり」鬼頭秀一編『環境の豊かさをもとめて』昭和堂．
鳥越皓之編，1999，『景観の創造』昭和堂．
古川彰，1992，「ヒマラヤ森林景観論」古川・大西編『環境イメージ論』弘文堂（この論文と次の書物が自然景観をも対象にしている）．
鳥越皓之，2003，『花をたずねて吉野山』集英社新書．
栗本京子，2005，「景観は誰のものか——『起伏のある公共性』からの解釈」『年報社会学論集』18号，関東社会学会．

13　環境ボランティアとNPO／NGO

1　**環境ボランティア・NPOの登場**

自主的活動

　環境ボランティアや，NPOという言葉を，最近はよく耳にするという人が多いはずである．この種の活動自体は昔からあったともいえるものの，言葉そのものは比較的あたらしい．この概念については後ほどていねいに検討するが，とりあえずの言い方をすれば，環境ボランティアとは環境保全を意図した自主的活動者のことであり，NPOとはこの活動者の意図を実現するための，営利を目的としない組織や団体のことである．

　私には次のような小さな環境ボランティア活動が印象に残っている．それは兵庫県の農村部の人たちのことである．フィリピンのピナツボ火山が爆発し，山裾は荒れ地になってしまった．その緑化のためにクズが有効であると聞きつけて，現地へクズの種を送る運動をしはじめたのである．クズというのは農村の山がかったところにいくらでも生えている植物である．それでもその小さな種を集めるとなるとそれなりの組織がいる．そこで種集め作業を中心とした組織がつくられた．そしてこの組織はフィリピンとの交流を深め，国際的にも活動をはじめたのである．こういった活動をしている人たちが環境ボランティアであり，その組織をNPOとよんでよいだろう．

環境ボランティアとは

　そもそもボランティアとはどのような意味なのだろうか．この用語は英語からの借用である．英国の用法を研究した成果に依拠すると，もともとは，17世紀中葉ピューリタン革命のときに英国で全土が混乱状態になり，そのとき，自分たちの村や町を守る「自警団への参加者」をさす言葉として登場したのだという．18世紀になると英国は世界中に植民地をもつことになり，それを守る大英帝国軍への「志願兵」へとその意味が拡大した．その後，社会問題に対する戦いに自ら志願する者という意味で「ボランティア」が転用されたのは19世紀後半からのことであるという．

　また，英語の用法よりももっと古く，キリスト教の聖書に起源を求める研究もある．この語は，ラテン語のvoluntas（意志，決意，自発，喜んでする覚悟，親切などの意味）を語源とするのだという．

　さらに，現在のいくつかの英語辞典をみると，ボランティアを「自らの意志に基づいてサーヴィスを行う人」とか「とくに不快で危険な事柄をみずから引き受ける人」という言い方が目につく．これらを参考にしつつ，とくに環境分野を想定して，ボランティア活動とは「自発的に行う善意の行動」と，ここでは簡素な定義を与えておこう．そうすると環境ボランティアとは「環境保全を目的として，善意から自発的な活動を行う人」だということができよう．

NPOとNGO

　NPOとNGOはともにたいへん似た概念である．グローバルにはNGOという用語の方がよく使われるが，日本ではどちらかというと，NGOよりNPOという用語の方が頻繁に用いられている．それはわが国の法律が「特定非営利活動促進法」（俗称，NPO法）と，非営

利にポイントをおいているためだ．どういうことかというと，NPOとは Non-Profit Organization（非営利組織）のことであり，NGOとは Non-Governmental Organization（非政府組織）のことであるからである．後者の NGO は文字どおりの意味としては政府機関でない組織を指すが，実際には「政府機関でもなく企業でもない民間の非営利組織」という意味で使われている．さらにいえば，前者の NPO の文字どおりの意味は，営利を目的としない組織を意味するが，現実の使われ方は NGO の実際の使用法と同じである．あえていえば，NPO と NGO の間には強調点の違いがあるに過ぎない．一方は「非営利」を強調し，他方は「非政府」を強調している．このようにほとんど類似の用語なので，本来は NPO／NGO とでも書けばよいかもしれない．だが，この章では煩雑を避けて，NPO という表現に統一しておこう．

この用語で，概念として少しばかり注意しておいた方がよいことがある．環境・開発・福祉などの分野においては，通常，NPO といったとき，人びとは当該問題や課題の渦中にいる当事者を想定するのではなく，外部からの応援組織を想定する．たとえば，ダムに沈む村において，村人がダム建設反対の組織をつくった場合，それが非営利で非政府の組織であっても NPO とはよばないのが普通である．したがって，「外から支援する組織」という条件を加えたものを NPO の狭義の定義といっておけばよいだろう．

この「外から支援する」という条件は環境ボランティアの定義にもあてはまり，環境ボランティアを狭義に（純粋に）解釈するときは「環境保全を目的として，善意から自発的な活動を行う外部からの支援者」と定義することができよう．ただ，このように一般的定義と狭義に分けておくことは理論上は便利なのであるが，現実には内部，外部の区別は思うほど明瞭ではないし，区別することで逆に

大切な特性を見逃すこともある．

● サラモンのNPOの定義と日本社会の現実

日本でNPOについて討議するときに，レスター・サラモンの使用した定義がしばしば引用される．それが国際的に共有できるNPOの定義だからであろう．サラモンらは非営利セクターの実態を知るために，日本を含めた世界の12カ国の調査をすることを企て，その手段として比較調査が可能な共通の定義を必要としたのである．それらは具体的には，①正式に組織されたものであること，②政府と別組織であること，③営利を追求しないこと，④自己統治組織であること，⑤ある程度自発的な意志によるものであること，⑥宗教組織でないこと，⑦政治組織でないこと，の7つである．

日本の実際の組織のなかで，日本人の常識から考えるとNPOではないのに，サラモンのいうNPOに含まれそうなのは，自治会や婦人会などの地域に密着した小さな自発的な組織や，先ほどあげたダム反対の村の組織のような運動体である．それらが日本には多数ある．もっともサラモンは，①の正式に組織されたものであることについて，法人であることか，幹部職員（有給の）がいて定期的な会合を開いていることのいずれかを具体的な判断基準にしている．日本のほとんどのこの種の小さな組織は有給の職員をもっていないので，NPOから外される．したがって，さきほどの「外部からの援助」という条件が狭義のNPOの定義を形成したように，サラモンの定義では「法人」か「有給職員の存在」が，実際にはNPOの範疇を狭義にする役割をはたしている．

さて，このように環境ボランティアやNPOを理解したうえで，次に，いまなぜこのような活動や組織が注目されているのかを考えることにしよう．

2 ● オルタナティブな社会と環境ボランティア・NPO

● ボランティアやNPOへの注目

いま，ボランティアやNPOへの注目度が高まっている．その理由はどこにあるのだろうか．3つに整理して述べよう．

ひとつは日本での動向である．日本でも1980年代に入ると，福祉を中心としてさまざまな分野でボランティアの活動が目立つようになってきた．また，NPOとは表現していなかったけれども，実質はそれにあたる組織体が貴重な役割をはたしてきた．しかしながら，なんといっても広く注目を集めたのは，一説には140万人がボランティア活動に参加したといわれる阪神淡路大震災である．災害直後において，ボランティアのはたした役割はたしかに大きかった．また，いままでボランティア活動に消極的であった若者たちがこの震災のときには多数（ボランティアの70％が若者であったといわれている）参加したことも関係者を驚かせた．この震災を契機として，コミュニティの再生，また自分たちで自分たちの住む地域を責任をもってつくっていくという気持ちから，「まちづくり」への取り組みが震災前よりも積極的になっていった．それはとくに，防災のためや，高齢者や介護を必要とする人たちへの配慮を重視している印象をもつ．ともあれ，こうしてコミュニティを基盤にしたボランティアやNPOが注目されるようになったのである．

2つめは，アメリカや日本など産業化が進んだ国々（先進国）での動向である．それらの国々では，高度な経済成長をこれ以上は望まなくなった社会となり，生活の量的拡大ではなく，生活の質的向上を思考する「成熟社会論」（D. ガボール）が受け入れられつつある．質的向上は「心の豊かさ」とか「ゆとり」と表現されること

が多いが，この質の向上にNPOなど，民間の諸組織が果たす役割が期待されることになった．独居老人に毎日，声をかけるとか，自分たちの住んでいる地区をアジサイの花でいっぱいにするとか，というような活動は行政施策ではカバーしきれないためである．

3つめは，途上国にたいする国際的な開発政策から出てきた「オルタナティブ開発論」（「もうひとつの開発論」）の影響である．環境ボランティアやNPOを考えるとき，この3番目の論理が前2者の特性をも包含する本質的なものを指し示していると私は思っている．このオルタナティブ開発論は，1972年の「人間環境に関するストックホルム会議」のころから，開発や環境に関する国際会議のなかで徐々に姿をあらわしはじめた開発論である．

情況を説明しておこう．世界的な開発組織は，過去数十年間，経済開発を軸にして発展を考えてきた――発展途上国（developing country），先進国（developed country）を「国民総生産」指標で分けることなどがこの考え方の典型――が，その開発の結果が「さらに多くの人々が飢え，病を患い，住む家がなく，文字を知らない」状態を導いてしまった．当然のことながら，なんのための開発（開発援助）だったのか，という反省がおこる．その反省のもとに，この状況を変えるためにと，急速な経済成長，工業化中心，都市偏重というモデルにかわるモデルが要求された．あたらしいモデルは，食糧や水，住居といった人間の基本的ニーズの充足に焦点を合わせるモデルであり，これがオルタナティブ開発論といわれるものである．

このオルタナティブ開発論を理論的に支えているひとりであるジョン・フリードマンは，市民社会がそれを実現する力をもつことを期待している．彼によると，市民社会とは国家と企業経済の及ばない集団であって，自律的な行動の核となるものである（「市民社会」は日本の社会科学固有の解釈があるので，本書の文脈でいうと，市

民社会という表現よりも NPO やコミュニティといった方が理解しやすいであろう)．それが力をもつことにより，急速な経済発展を考えるよりも，いのちと暮らし (life and livelihood) の大切さを自覚する開発が実現できるという．なお，フリードマンの考え方は，経済発展モデルの否定ではなくて，その行き過ぎに対する警告であり，ふたつのモデルの共存政策が現実的であるとみなしている．

　以上紹介したこれら 3 つの動きには共通するものがある．「いのちと暮らしを守るということ」，あるいは「いのちと暮らしをいっそう充実させるということ」が計画や施策の優先課題となっていることだ．これらを優先課題とする社会を，ここでは「オルタナティブ社会」と名づけておこう．

　急速な経済発展モデルでは，普通は継続的に多量の工業製品を輸出する政策がとられ，そこには「一般民衆」の入る余地はなく，「企業」と「政府」の知恵に依存せざるをえなかった．しかし，オルタナティブ社会モデルでは，これらを守ったり，充実させるためには，いのちと暮らしの主役である「市民」や「その組織体」が前面に出なくてはならなくなる．

　確かに，途上国で環境ボランティアや NPO が活躍しているのはいのちと暮らしを守る分野である．また，日本でもそれらを守り充実させることが期待されている．つまり，いまなぜ，環境ボランティアや NPO が注目されるのか，と問いかけられたとき，それは本質的には，いまあたらしく自覚されつつあるオルタナティブ社会の実現のためであると答えることができるのではないだろうか．

●────日本の環境ボランティア・NPO の活動

　「市民活動地域支援システム研究会・神戸調査委員会」が兵庫県全域の「市民活動団体あるいは NGO, NPO とも呼ばれる，非営利公

益活動を行う民間の団体」を対象に調査を行った．このような対象であるから，それは，「正式に組織されたもの」というサラモンらの考えるNPOの条件（たとえば，「法人」としての私立学校や病院などがサラモンのいうNPOには含まれる）とは対象がズレている．この神戸調査委員会の対象の方が日本人が一般的に考えているNPOのイメージに近い．われわれ日本人のイメージでは，NPOは学校や病院などの法人よりも，もっと不安定な市民の手づくりの組織体なのである．そこでこのデータでNPOを考えてみよう．

この調査委員会の調査は以下のような興味ある事実をあきらかにしている．

まず，1団体は平均して4.71の活動分野をもっている．仙台と広島の同種の調査でも平均4.42であったから，市民活動団体（NGO，NPO）は複数の分野で活動するのが普通のようである．

そしてその主な活動分野をみると，上位3位は「地域・まちづくり」「障害者」「環境・エコロジー」となる．このように「環境・エコロジー」が3番目に出てくる．この「環境・エコロジー」分野をあげた団体の特徴は，団体の会員数は大きいが予算規模は小さいというところにある．会員数1-49，50-99，100-499，500以上の4つの規模の分類のなかで，100-499人の規模のところがもっとも多かった．

これら市民活動団体のうち，会員制や会費制をとっているところが5割強，明文化した会則・規約をもっているところが5割弱となっている．また，なんらかの常勤有給スタッフをもつところは2割あり，非常勤スタッフをもつところは1割強となっている．予算規模では百万円未満の団体が6割弱であった．

ところで，日本の市民団体は行政との関係の強さを指摘されることがしばしばある．市民団体に回答を求めたこの調査によると，

子どもたちが川遊びをするための用意

「ケースバイケースで考えたい」が 35.8%,「積極的に関係を持ちたい」が 27.2%,「必要外の関係を持ちたくない」が 13.2% であった.また企業との関係では「活動資金の寄付」を 20.2%,「場所の提供」を 13.2% が求めている.それに対し「あまり必要ではない」が 25.5% を占めた.

調査対象 453 団体のうち「環境・エコロジー」を第 1 の活動目的にあげた団体の数は 45 団体あった.大体のイメージをつくってもらうために,五十音順で数団体の名前をあげておくと以下のようなものである.アースデーひょうご,芦屋のゴミを考える会,猪名川の自然と文化を守る会,大蔵海岸を考える市民連絡会,小野の自然を守る会,などである.

このように NPO の定義の仕方に左右されるものの,わが国においても,住民による「環境・エコロジー」の活動がかなり積極的に行われているといえよう.ただし,規模はやや大きいが予算規模が小さいということは,「とりあえず会員になっている」という人たちが多いことを推定させる.

環境ボランティアの活動
ラムサール条約登録を前に藤前干潟を清掃するボランティアの人びと（名古屋市）[写真提供・共同通信社].

3 環境NPOの可能性

自然環境保全型と環境創造型

　すでに指摘したように，環境NPOは基本的には急速な経済発展モデルではなく，オルタナティブ社会モデルに親近感をもっているといえる．しかしその具体的な活動は多様である．その多様な活動を理解しやすいようにあえてふたつに分類すれば，「自然環境保全型」と「環境創造型」に分けることができよう．前節であげた「小野の自然を守る会」などが典型的な自然環境保全型である．この自然環境保全型のNPOはその数も多く，また会員数も福祉ボランティアに比べると，簡単にふくらませることができるようだ．それらは自分たちが住んでいる地域からさほど遠くない地域の自然を保全するという趣旨に賛同し会員となるが，「趣旨に賛同した」という以上の活動をしない会員も多く含まれる傾向がある．ただこの組織には，数人の熱心な活動家がいて，その人望のもとに少ない予算にもかかわらず継続的な活動をしている[1]．

　もうひとつの環境創造型は，当初はある自然環境や歴史的・文化

環境 NPO の活動
日本の京都議定書批准を求めてアピールする「地球の友」のメンバー(ロンドン・日本大使館前)[写真提供・共同通信社].

的環境を保護することを目的として組織(NPO)形成がなされることが多い．けれどもこの型は，運動を通じてそれを保護するだけではなくて，その地域の活性化や環境それ自体のあたらしい形成，すなわち創造を主要な関心に移していくNPOのことである．たとえば，森林の開発や森林内でのスーパー林道の敷設に反対して立ち上がった運動が，一定程度の活動期間を経ていくうちに，森林で生活をしていた地元の人たちの生活システムの理解に進み，「森林と人間がどのようにうまく共存していくのか」という方に課題を移し，結果として「どのような環境をつくっていくか」という環境プランニングへと関心をひろげていくような型のことである．

　この後者の環境創造型は前者の環境保全型に比べて組織的にも規模が大きく，また国際的に活動しているNPOもみられる．国際的に活動しているNPOをあげると，たとえば「地球の友・日本」はシベリアの森林保全活動をするだけでなく，持続可能社会プロジェクトの作成や，ODA(政府開発援助)や世界銀行などが行っている

開発援助のうち問題のあるプロジェクトにたいして代替案の提示をする，という活動をしている．また「地球緑化センター」は砂漠化が進行している中国大陸で植林活動をすることを目的として形成された．活動の過程を経て，このNPOの考え方は事務局長の「植林活動は人の心に木を植える試みでもある」という発言にみられるように，「地元の人々と一緒に汗を流すことで相手の考え方や生き方を知り，異文化交流をする」ことも活動の課題となっている．

「環境だけをよくしてもだめなんです．そこにいる人間も対象にしなければ．自然に対してどんな気持ちでいるかは1人ひとり違います．だから多様なプログラムが必要なんです」というこの「地球緑化センター」のリーダーの見識は，環境NPOのあり方のひとつの典型を示しているように思われる．

> 1) 環境NPOのリーダーのひとりが，持続的で熱心な会員の獲得の難しさとして次のようなことをいっていた．すなわち，福祉ボランティアと比較してつらいのは，福祉ボランティアは福祉の対象者から直接「ありがとう」とお礼をいってもらう機会があり，それがはげみになる．それに対して，環境ボランティアは，対象が人間ではないので，そのようなお礼の声を聞けない．それどころか，しばしば地主や行政の一部から名指しで不満や批判をぶつけられることもある．それにめげないでつづけることは，かなりのエネルギーがいるものであると．当たっている面があるかもしれない．

【引用文献】

石渡秋，1997，『NGO活動入門ガイド』実務教育出版．

ジョン・フリードマン（斉藤千宏・雨森孝悦監訳），1995，『市民・政府・NGO』新評論．

L. サラモン，H. アンハイアー（今田忠監訳），1996，『台頭する非営利セクター』ダイヤモンド社．

市民活動地域支援システム研究会・神戸調査委員会，1997，『大震災をこえた市民活動』．

『グループ名鑑「兵庫・市民人」'97』委員会，1997，『グループ名鑑

「兵庫・市民人」'97.
立木茂雄編,1997,『ボランティアと市民社会』晃洋書房.

【参考文献―勉学を深めるために】
鳥越皓之編,2000,『環境ボランティア・NPOの社会学』新曜社.
環境社会学会編,1998,『環境社会学研究』4号,新曜社(この号でNPOの特集をしている.上記の本とこの雑誌のふたつを読めば,現時点での環境社会学のNPO研究の水準が理解できる.ともに興味深い論文が多い).
佐藤慶幸,2002,『NPOと市民社会』有斐閣(ヨーロッパのNPOの紹介がある.読者は第6章の「日本における『社会経済』——女性たちのワーカーズ・コレクティブ」に興味を覚えられるかも知れない.なお,女性のボランティア活動については,上記の『環境ボランティア・NPOの社会学』所収の森元孝「普通の主婦と環境ボランティア」がある).
朝井志歩,2002,「『フロン回収・破壊法』制定へと至るNPOの果たした役割」『環境社会学研究』8号,有斐閣.
小野奈々,2003,「単純化されたイデオロギーの機能」『年報社会学論集』第16号,関東社会学会.
長谷川公一,2002,「NPOと新しい公共性」佐々木毅・金泰昌編『公共哲学7 中間集団が開く公共性』東京大学出版会.
佐藤慶幸,2002,「ボランタリー・セクターと社会システムの変革」佐々木・金編『公共哲学7』東京大学出版会.
鳥越皓之,2002,「ボランタリーな行為と社会秩序」佐々木・金編『公共哲学7』東京大学出版会.
松井理恵,2005,「環境運動における戦略的パターナリズムの可能性——韓国大邱市三徳洞のマウルづくりを事例として」『環境社会学研究』11号,有斐閣.
松村正治,2007,「里山ボランティアにかかわる生態学的ポリティクスへの抗い方——身近な環境調査による市民デザインの可能性」『環境社会学研究』13号,有斐閣.

14 内発的発展論と地域計画

1 ── **内発的発展論**

● ── 近代化の行きつく先は

　地球上の誰もが幸福になることを望んでいる．そしていつ頃からだろうか，地球上の多くの人たちが，幸せになるということは「近代化」によって成し遂げられると信じるようになった．多くの民族や国家，とりわけ「発展途上国」（developing country）とよばれた国々は -ing という進行を現す形でよばれ，いつかそれが成し遂げられて，先進国（developed country）という -ed で形容される国になることを望んだ．

　このような発想を支えている「近代化論」とは，どのような考え方をもっているのだろうか．次に述べる内発的発展論と比較して述べれば，それは以下のふたつの見方が基本になっていると考えられる．

　ひとつは，近代化とはどの国も同じ発展のプロセスをもってたどる1本の道のようなものであり，発展途上の国は近代化された国を手本として努力すれば，それが実現できるとみなされていること．もうひとつは，近代化論は先発の先進国の経験に基づいて，アメリカを中心に形成された考え方であり，その近代化は高エネルギー消費型のライフスタイルを特色としていることである．ただし，このライフスタイルをどの国もが選択をするならば，自然環境を著しく

破壊させる可能性をもっていることに注意をはらう必要がある．

すなわち，1本の道をたどって近代化を進めていく道の先は，高エネルギー消費型，市場レベルでいえば大量消費型，住民の感覚でいえば贅沢なライフスタイル，ということになり，それは自然環境破壊に結びつくというものである．

●——内発的発展論の特徴

それでは，近代化論と立場をまったく異にする内発的発展論とは，どのような考え方なのであろうか．内発的発展論は，発展途上国など，先発の先進国以外の国での経験に基づいて形成されたもので，平たくいえば，自分たち自身の発展図式にもとづいた発展のことである．したがって，発展図式はそれぞれの国や地域によって異なるという考え方だ．そして先の近代化論とは見方を変えれば，アメリカやイギリスが作ったものだからそれらの国自身の内発的発展論であって，それは他の国々の見本とはならないと判断する．

近代化論では，全ての国の発展の度合いは"おのずから"1本の同じ道の上に示されるということが客観的な事実のごとく考えられてきた．それにたいし，内発的発展論は道が多数あるという考え方である．そうすると，ではどの道を歩むのかと問われるわけで，道の選択をする自分たちの価値観を示さなければならない．その意味で内発的発展論にもとづく政策は，鶴見和子の用法に従えば，「価値明示的」である（鶴見和子，1989）．それにたいし，近代化論の政策の場合は，価値を示す必要がないので「価値中立的」といえる．また近代化論は国家の政策論となってきたが，内発的発展論は基本的には国家よりも小規模なコミュニティから立ち上げる政策論である．

内発的発展論は，地域生活の充実という視点をもつから，人間が

途上国コミュニティの発展の模索
内紛で多数の国民の虐殺を経験したグアテマラは，いま各地で民主化と固有の発展（内発的発展）の模索をしている．右上はかつての抵抗の闘士であった市長が演説をしているところ．左の2枚はその演説を聞いている人たち（グアテマラ共和国，サンティアゴ・アティトラン市）．

生きるための基本的要求（食糧，健康，住居，教育など）がまず満たされること，また地域の自然や文化との調和に意が注がれることに特色がある．とくにアジアでの内発的発展論は精神面での人間の発展に関心が高い歴史をもっているという．

経済史家である西川潤は何人かの内発的発展論者の論をまとめて，結局は内発的発展論は次の4つにまとめられると指摘している．便利だから紹介しておこう．①内発的発展は経済学のパラダイム転換（基本的な考え方の転換のこと）を必要とし，経済人に代え，人間の全人的発展を究極の目的として想定している．②内発的発展は他律的・支配的発展を否定し，分かち合い，人間解放など共生の社会づ

くりを志向する．③内発的発展の組織形態は参加，協同主義，自主管理等と関連している．④内発的発展は地域分権と生態系重視に基づき，自立性と定常性を特徴としている（西川潤，1989）．

このように内発的発展論を説明すると，これは前章でとりあげた「オルタナティブ開発論」にたいへん近いことに気づかれよう．じつは内発的発展論は，オルタナティブ開発論と同じ時期，1970年代に生まれ，1980年代に理論的な整備が進みはじめたもので，この時期，近代化論ではない別の発展のあり方が強く問われていたのである．したがって，内発的発展論をオルタナティブ開発論の一変種とみなしてもよいが，内発的発展論の際だった特色はコミュニティの内部から"自分たち自身の考え方"で"自分たち自身の地域のありよう"を考える必要性を唱えたことにあるといえよう．

2 ・ 内発的発展論の展開とコミュニティ・ビジネス

異なる道を辿っていこう

この1970年代に生まれた内発的発展論は，その言葉を使っているかどうかは別にして，多くの国々で少しずつ市民権を得てきたように思う．「地域の特性」とか「地域の自立」，「地域活性化」と言われるときには，内発的発展論の考え方が踏まえられていると一般的にはいえるだろう．もっとも実際は，地元からの評判をよくするために，このような内発的な言葉を形式的に用いつつ，現実には中央政府からの巨大な資金援助を受けて公共事業を行ったり，地域外の特定大企業による観光開発などであったりするケースも後を絶たない．それらは外来型開発である．内発かどうかの判断基準は「地元からの自発的計画」，「地域に根ざした経済発展」，「地域の環境保全への配慮」（宮本憲一，1989）の3点の全てが整っているかどうか

によるといってもよい.

　内発的発展論は日本や中国でのフィールド調査を通じて,社会学者,鶴見和子などがその理論的発展に寄与したのであるが,彼女らが訪れた日本の各地や中国においても,地元でこのような考え方をもっている地域リーダーや研究者に出くわしている.その意味で,この内発的発展論は純粋に研究者が構成したモデルというよりも,このような考え方が各地,各国で微力ながら存在しており,鶴見らがそれを理論的に整理し方向づけた性格のものといえる.

　たとえば鶴見らの紹介に依拠すると,文化大革命後のことであるが,中国の社会学者,費孝通は次のようにいっている.彼は中国の各地を調査した結論として,「今後中国の農村の発展は,異なる条件をもつ農村に,あるひとつの手本を強制的に模倣させるようなことは避けなければならない」.そしてつづけていう.「お互いに平等の立場に立ち,それぞれ異なる社会条件から出発して,異なる道を辿っていこう」.これは文化大革命などのかつての中国の農村政策とは大きく異なる考え方である.そして中国はその後,基本的には彼の主張に沿った政策を進めている.

　また,内発的発展論は基本的に地元の経済発展に意を注ぐ傾向がつよく,日本の一村一品運動など,地域おこしといわれているものは内発的発展の性格をよく現している.

●————コミュニティ・ビジネスとの関係

　いま日本をはじめいわゆる先進国で,コミュニティ・ビジネスや市民事業,ワーカーズ・コレクティブといわれている活動がある.それらは用語が異なるだけで,内容は大同小異なので,ここでは一括してコミュニティ・ビジネスとよんでおこう.それはいままでみてきた内発的発展論と関係が異なるところもあるものの,先進国で

Column

水を商売にしたコミュニティ・ビジネス

　三重県のある山奥の村で，青年たちが集まったときに「うちの村はなんにもない村で，あるのはきれいな空気，きれいな水だけ」だという話になりました．それなら水で商売をしようということに話が発展したのです．

　村民のA氏は次のように言っています．私たちの「水を守る会」というユニークな名前の有限会社は，平成6年の3月にスタートし，いまに至っています．現在，私を含めて6人の社員で運営する小さな企業で，販売戦略としては，いろいろな業者を回らせてもらうときに村おこしを考えている役場の人と一緒に行きました．役場は信用があるからです．それと，宅配を当初から考えておりました．これは少しでも多くの水のファンをつくっていくためです．具体的には，たくさんの種類がある水のなかで，いかにウチの水を差別化していくか，という点について，非常に苦労しました．このため販路の開拓は当初から村民の皆さんにセールスマンになってもらうようなかたちを取りました．この工場に，私が最初に入って考えたことは「何としてもこの事業を成功させなくてはいけない．そのためにはより多くを売らなくてはならない」ということでした．売ろう，売ろうという気持ちを強く持っていました．その気持ちからでしょう，「そのためにはウチの村は常にきれいな村であらねばならない」という感覚が芽生え，きれいな水のためには緑を育てなくては，と私の考えは発展していきました．私はこの仕事に入る前には林業をしておりました．それは植林から間伐して成木に育てる作業で，そのときには辛いと思っていました．しかし，いまは，それまで辛いと思っていた林業がすばらしい仕事だったと思えてきましたし，誇りさえ感じています．

　もうひとりの村民B氏は次のように言います．水販売の収益金

を利用して，自然の環境保護のために使ったり，イベントなどに使っています．それから水を育んでくれる森も川と同時に守っていこうとしています．年に3,4回は川の掃除をしています．川掃除の最初のときには自転車，タイヤ，冷蔵庫などの粗大ゴミが草の陰に隠れていたりもしました．かなりひどい状況でした．それがいまはありません．川が汚れる最大の原因は，この村の場合は家庭排水でした．このため浄化槽の設置率を上げたいと思って，水を売った利益のなかから，村に年間30万円程度の補助を行っています．

ふたりの話を紹介しましたが，実は，このビジネスを立ち上げようと彼らが集まったときには，環境を守ろうなどとは誰も言っていなかったそうです．林業をやっていたAさんの場合，親父さんが林業をやっていたから自分も携わっていただけで，ことさら森への関心があったわけではありません．むしろ，給料が安くて，たまらないと思っていたと言っておられました．ところが，水の事業に係わった途端に，森を守るということが，いかに大事なことかそれがわかってきたと述べているのは，先ほど紹介したとおりです．

働き手として若い女性も村に戻っても来ているそうです．そういうことから村の様相，雰囲気も変わってきました．つまり自分たちの地域の活性化を考えていったら，結果的に環境を守らざるをえなくなったのです．決して環境のために，川の掃除からはじめたわけではなくて，水を売るためには川の水をきれいにしないといけなかったわけです．水を売るためには森をきちっと整備せざるを得なかったのです．この村の「水事業」は有限会社のかたちはとっていますが，地域志向，利益の地域への還元という点から，コミュニティ・ビジネスといえます．

出典：鳥越皓之（2002）の一部抜粋，ただし加筆修正．また，この記事の作成には寺口瑞生氏にお世話になった．

の内発的発展論ともいえる側面を強くもっている．

コミュニティ・ビジネスは人によって定義が異なるあたらしい言葉であるため，ゆるやかな定義をしておこう．すなわち，コミュニティ・ビジネスとは，コミュニティを基盤にして，地域住民の主体性のもとに，福祉，環境，人づくりなど地域共同生活に必要な分野の活動をし，その活動から利潤を得る事業をさす．

具体的には，福祉分野では高齢者に対する介護や，病院の通院のための車による送迎などをして，定まった礼金を得たり，環境分野では森林自然公園などの人びとが楽しむ森林地帯を設定し，自然を楽しむ"エコツーリズム"から収入を得たり，森林からの特産物販売をして収入を得たりするものである[1]．

環境分野でもう一度説明しておこう．森林や河川を利用したケースだと，森林浴やボート遊びなどを楽しんでもらうとともに，都市住民に森林の価値の見直しや河川を自然のままに保つことの大切さを実感してもらう．そのことが活動の主要な目的だが，そこから事業収入を得ているところがビジネスなわけである．

内発的発展論とコミュニティ・ビジネスは，地域（コミュニティ）を基盤にしていること，地域住民の主体性を大切にしていること，環境など地域保全に意が注がれていることに共通点がある．しかしながら，内発的発展論は地域の活性化として経済的発展への志向が強い．それにたいして，コミュニティ・ビジネスは主要な目的が地域の経済発展ではないために，その収入はその活動をしている人の小遣い稼ぎ程度である場合が少なくない．

つまりコミュニティ・ビジネスは，会社などが利益が少ないと判断して，企業活動を行わない分野で，また行政も公的な重要性を認めつつも純粋に行政の仕事ではないと判断する分野で活動をする．それは行政の公性と企業の私性の間にある公共的分野での活動だと

いってもよい．したがってコミュニティ・ビジネスは非営利組織である NPO の活動とも重なっているともいえる．もっともコミュニティ・ビジネスのなかでも，人びとに健全な食品を食べてもらう目的ではじめた有機農業販売が成功して比較的大きな収入を得るなど，企業活動と同じぐらいの利益があがることもある．

3 コミュニティ住民が事業をする意義

コミュニティ住民の計画権

　コミュニティ内でさまざまなビジネスをすることは昔はそんなに珍しいことではなかった．ところが大きな企業が成立し，行政が整備されるにつれて，コミュニティ住民はコミュニティに直接関わって仕事をするということが少なくなってきた．産業化された国，いわゆる先進国ではその傾向がとくに強いといってもよい．

　外部の企業があるコミュニティに工場をつくるというとき，それは必ずしもコミュニティの発展を願ってそうするのではなく，その地域に工場を建てる空間が欲しかったからである．工場立地条件を考えて，そこが便利な場所だという理由で，工場を建設するに過ぎない．その結果，地域によると，大気汚染，水質汚染など深刻な公害を招き，ひどい場合には地域住民に死者が出るような被害を引き起こしたことが過去にはあった．そのことは，四日市や水俣の例をだすまでもなく，私たちのよく知るところである．

　他方，戦後の地方自治の発達は，住民の生活を大切にした地方自治行政を推進させてきた．そして，地方自治行政は官僚組織の例に漏れず，その組織の肥大化をはかることにかなりの熱意を注ぎ，あたらしい課の設置や新規の事業が企画されつづけた．その結果として，住民生活のかゆいところに手が届くようなサービスまで行政が

してくれるようになったのである．極端な場合には，住民が頼みもしないのに，住民にとって便利であろうと解釈し，小川を暗渠化して道路を広げたり，リゾート開発を計画したりしてきた．

その結果，地域生活がよくなったのであろうか，という自問をする時期に私たちは来ている．現実には，地域社会を他人任せにしておいて，たいへんひどい環境状態になったり，計画が最終段階まで進んで計画の変更が不可能になってから住民が立ち上がるという，ゲームでいえば，いわば後手後手にまわって敗北しているケースもみられる．そしていざコミュニティの住民の意見をまとめようとしたときにも，コミュニティとはよべないほどにコミュニティが微弱な組織になってしまっていることが少なくないのが現状である．

コミュニティ・ビジネスはコミュニティが力をもつためのひとつの手法なのである．コミュニティ住民にとって，有益な公共活動をするには，行政からの補助を受けたり，会員を募って会費をとったり，ボランティアに依存するのもよい方法だ．だが，自分たちの公共の事業が財政的に自立度を高める方向をめざし，また，いわば有償ボランティアをもつことはしばしば組織力を強めることになり，それがコミュニティの力そのものを強めることになる．力をもったコミュニティはコミュニティ範域内の環境の改変や地域計画に対して相対的に発言権を強めることになる．コミュニティ住民は沈黙をしてはならない，ということだろう．言葉を換えると，コミュニティの計画権をコミュニティ住民自身がどれほど持てるかということである．経験的に言えば，日本だけでなくグローバルに共通することとして，コミュニティ住民も確かに地域の開発を望んでいる．だが，自分たちの環境を徹底的に破壊するような計画をコミュニティ住民自身が形成した例を私は知らない．その意味でコミュニティ住民は信用できるといえる[2]．徹底的なコミュニティ破壊の計画は常

に外部からの開発がもたらすものであるからである．

> 1) エコツーリズムについては，2章で語彙説明をしている．環境社会学の分野のエコツーリズムについては菊地直樹（1999）が考えるヒントを与えてくれるだろう．
> 2) ここではコミュニティに過大の信頼をおいた筆者の立場表明になっている．これはひとつの立場であって，当然，コミュニティがもつ欠点を重視する立場が成り立つし，コミュニティよりも，その構成員であるひとりひとりの市民から方策をたてる立場もある．ただ環境社会学は現在のところ，この種の抽象的な論議よりも，実証的な事実から政策を考えていこうとする傾向が強い．この種のことを考えるときの好例として都市では宮内泰介（2001），金菱清（2001）など，農村では浜本篤史（2001），柿沢宏昭（2001）などの研究が役に立つであろう．

【引用文献】

鶴見和子，1989，「内発的発展論の系譜」鶴見和子・川田侃編『内発的発展論』東京大学出版会．

西川潤，1989，「内発的発展論の起源と今日的意義」鶴見・川田編『内発的発展論』東京大学出版会．

宮本憲一，1989，『環境経済学』岩波書店．

鳥越皓之，2002，「環境創造と環境ボランティアの新モデル」『ニューシナジー』53号，国土地理協会地域総合システムセンター．

菊地直樹，1999，「エコ・ツーリズムの分析視角に向けて」『環境社会学研究』5号，新曜社．

宮内泰介，2001，「環境自治のしくみづくり」『環境社会学研究』7号，有斐閣．

金菱清，2001，「大規模公共施設における公共性と環境正義」『社会学評論』52-3，日本社会学会．

浜本篤史，2001，「公共事業見直しと立ち退き移転者の精神的被害」『環境社会学研究』7号，有斐閣．

柿沢宏昭，2001，「森林保全とその担い手」鳥越皓之編『講座環境社会学3　自然環境と環境文化』有斐閣．

【参考文献—勉学を深めるために】

宇野重昭・鶴見和子編，1994，『内発的発展と外向型発展』東京大学出版会．

守友裕一，1991，『内発的発展の道』農山漁村文化協会．

藤井敦史，1998，「『市民事業組織』の社会的機能とその条件」『地域社会学会年報』第10集，ハーベスト社（事例は福祉の分野であるが，コミュニティ・ビジネスの問題点や，サラモンのボランタリー失敗論の紹介などがあり，本書で言及できなかった点を深めるのに便利である）．

園部雅久，1981，「生態社会学的視座とコミュニティ論――都市社会学と地域主義の交流」『社会学評論』125号，日本社会学会．

古川彰，2001，「自然と文化の環境計画」鳥越編『講座環境社会学3』有斐閣（環境計画や環境にかかわる地域計画はこの論文や以下の論文が参考になろう）．

鳥越皓之，2001，「市民計画の合意方法」『地域社会学会年報』第13集，ハーベスト社．

荒川康，2002，「まちづくりにおける公共性とその可能性」『社会学評論』53-1，日本社会学会．

平川全機，2005，「継続的な市民参加における公共性の担保――ホロヒラみどり会議・ホロヒラみどりづくりの会の6年」『環境社会学研究』11号，有斐閣（市民参加の自然再生事業）．

古村学，2006，「南大東島におけるエコツーリズムと地域生活――住民の視点から」『ソシオロジ』50-3．

15 政策と実践

1 社会学的な政策論

社会観をみきわめる

　環境政策は特定の一学問からの政策論に分裂してはならない．それは統合的な視野をもつべきである．したがって，生態学的政策論，工学的政策論，経済学的政策論，社会学的政策論というように分裂してしまってはその効果が減じる．とはいえ，具体的には特定の学問分野からどのような政策を出せるかを先ず考えてみて，その後，統合の道を探るのが実際的な方法であろう．それゆえ，ここでいう社会学的政策論は他の学問分野の政策論よりも優先すべきだとか，これで十分だとかいうものではない．ここでいう政策論は他の分野との統合以前の段階の，いわば完成に至る中間段階の政策論である．それをどういう糸口から考えていったらよいかを検討しよう．

　社会学が得意とする分野は，社会的な価値観（規範），社会組織，運動の諸理論である．したがって，その分野から政策に寄与することになる[1]．最初に社会的な価値観——ここではそれを社会観とよんでおこう——のことを考えてみよう．

　前14章でとりあげたように，現在，「近代化」を望ましいとみなす社会観に疑問を付す人が増えはじめた．しかし，近代化という考え方は，国家の発展段階のある段階においては望ましいときもあるだろうし，うまく改良すればいつまでも有用な側面もあるだろう[2]．

その改良のひとつの工夫として，先進国の側から，途上国の近代化をお手伝いしよう，という考え方がある．具体的にはODA（Official Development Assistance）としてそれは作動している．ODAはわが国では「政府開発援助」と呼ばれているように，政府がおこなう開発援助である．ODAについては，はじめの呼び水として，途上国にそれなりの援助をすれば，途上国は直ぐに自分の力で立ち上がると思われていた．しかしその効果は思ったほどではなく，始めてから30年以上経っても，相変わらず援助をしつづけなければならないというジレンマに現在陥っている．ちなみに供与額の最大の国は日本である．

先進国はたとえば途上国のエネルギー政策の一助として水力発電所や火力発電所の建設のための援助をするのであるが，その建設がたいへん深刻な環境破壊にむすびついている例も少なくない．さらに地元の人たちの生活を必ずしもプラスの面に導いていないという事実も山積しはじめた．そのため，「ODAの援助は役に立っているのか」という問いが新聞紙上などでよく見られるようになってきた．ODAは近代化を肯定し，その格差の不都合を是正しようという試みであったので，当然のことながら，ODAという試みを通じて，改めて近代化が問われることになった[3]．

そしてさらに，こうした途上国だけの問題ではなく，日本をはじめ，先進国においても，近代化という考え方で国家政策をとっていくことが，国民のとんでもない生活破壊をまねく可能性があることに人びとは気づきはじめた．問題点のひとつは，近代化の名のもとに行われた道路の敷設，河川改修，港湾の整備，上下水道の設置，ダムや原発などのエネルギー施設の建設など，人びとの生活に必要ないわゆる社会資本の整備が，一部において過度に進み，あきらかに必要でない，あるいは必要度の低い大規模な工事も公共事業など

の名目で行われるようになってきたことである．それは10章でとりあげたが，重要なことは，大筋としてはこの傾向がいっこうに改まらないことである．

その結果，本来は近代化政策として行ってもおかしくない次の2点がないがしろにされてしまった．ひとつが自然環境および歴史的環境で，これらは保全どころか直接的な破壊に直面した．もうひとつはいわゆるソフト面にあたる国民の生活に基本的な制度の整備・改革であり，すなわち教育，人権，健康・医療，金融などの分野の制度の整備・改革に熱意が示されないままになってしまったことである[4]．

いま，ないがしろにされているこれら2点の意義を強調し，他面，過度なハード面での整備を抑制する，そのような方向への政策の変更をうながすためには，社会観そのものを変革や改善することが直接的な契機になるだろうと判断される．その判断のもとに，オルタナティブ開発論とか，内発的発展論とか，環境分野では，エコロジー論や生活環境主義などが出てきたのである．繰り返し述べるが，現在は近代化論に代わる社会観が芽生えはじめている時期といえよう．そのような時期であるから，ある環境政策が登場したとき，私たちはそれがどのような社会観にもとづいて形成されているかを吟味し，そこからその政策の評価を決めるべきだろう．社会観のない無色透明な政策というものはあり得ないのである[5]．

●───社会組織・社会運動

社会運動というと，労働運動とか途上国に多い反政府運動などが想起される．しかし現在，環境の分野で顕著に見られる社会運動は，労働運動などと比較すれば，組織的拘束力の弱いものであることが特色である．各人の自主性を重んじるボランティアが主力となり，

ボランティアたちによるネットワーク型の組織となっている．ネットワーク型とは，軍隊や会社の組織などのような上下関係の強いタテの組織，つまり結束力や命令権の強いピラミッド型の組織と異なり，クモの巣のような網の目状に拡がった比較的平たい組織のことである．そこでは上下関係がほとんどないためにリーダーの命令権も弱く，網の目の端の境界が不明瞭でメンバーシップ（その組織のメンバーかメンバーでないか）が厳密ではない．いわゆる NPO や NGO はこのネットワーク型組織をとっていることが少なくない．

　組織論的にいえば，ピラミッド型組織と比べると，ネットワーク型組織は，活動や運動をするときには，あきらかに非能率である．そこでもし，このような非能率な軍隊組織をつくれば，その軍隊は弱い軍隊になるだろう．しかしながら，ネットワーク型組織の大きな長所はその参加者に主体性が認められていることである．組織の歯車になることを前提とはしていない．自分の判断と責任と自由が保障されているのである．現在の環境にかかわる市民や住民の組織はこのようなネットワーク型組織が基本形であり，環境政策を考えるときもこの組織の長所を生かし，短所を補塡する配慮が必要であろう．

　ただ注意しなければならないのは，ネットワーク型が基本型であるのであって，他の型が存在しないということではない．地域によると，たいへん厳しい条件下で，環境保全の活動をしなければならないことがある．その場合，NGO の事務局長などが陣頭指揮をとって，指示命令というようなことが生じることもある．多くの人にその名前を知られている「国境なき医師団」や「地球の友」などにも当然そのような側面がみられる．けれども，メンバーは状況を理解していて，指示命令は当然だと自分たちの判断で受け入れているところが軍隊とは異なるところである．

また，地域組織として自治会や婦人会などが，環境に対して積極的な貢献をしていることが少なくない．これらの組織や小学校区ほどの大きさをもつ地域協議会などは地域密着型の組織なので，いま便宜的にコミュニティとよんでおくと，このコミュニティとNPOがどのように連携をしながら，地域の環境の課題を解決するか，ということも各地で検討されている大切なテーマである．

2 実践の意味

実践のための手続き

環境問題の課題を実践し，自分たちなりに少しでも安心できる環境を保持・形成しようとするときに，いくつかの手続きが必要である．ひとつができるだけ正しい「情報」の入手，2つめが情報と状況にもとづく「意思決定」の手続き，3つめが意思決定後，それを効果的に実践するための「組織」の形成あるいは再編成である．これら3つについてそれぞれの全体像をていねいに述べるスペースがないし，すでに他の章でも述べたことなので，とくに考慮すべき特定の事柄についてだけ以下にふれることにしよう．まず情報について，そしてそのあとで，意思決定と組織を一緒にして述べることにしよう．

科学的推論と実践

環境にかかわる分野では，情報の内容のうち，際だって必要なものが科学的情報である．多くの人たちは科学的情報は専門的すぎて自分たちは関与できないと思っている．たしかに内容そのものは専門的であり，それを読み解いてくれる人材の確保が大切であろう．ただ，そのような必要性をふまえたうえで，私たちがいま理解して

おかなければならない重要な認識がある．それは「科学と現実環境との距離」についてであり，2つの大きなポイントがある．

まず1点．ほとんどの科学は特定のテーマを軸として理論的体系性をもっている．そこから外れるものは対象外となる．比喩的にいえば，各種の科学がもつテーマという点を円の中心として，円が理論的体系を表すのであるが，その円の外側は対象外となる．ある空間をとってみると，そこにいくつかの円が見られるのであるが，図15-1に見られるように，一部が重なっている円がある一方で，円が覆えない空間が出てくる．実はこの長方形の図の全体が環境であって，つまり現実には，科学が覆えない円の外の空間の箇所が必ず存在することである．

もう1点は次のようなことである．実際にある地域で環境問題が起こり，科学的知識を動員しようというとき，この複数の円の有用部分を使うことになる．それにともなって円の再編成が必要で，比喩的にいえば，この円の位置や大きさが変わると考えればよい．といっても，まだやや抽象的であろうから，具体的な例を出して説明する方がよいだろう．

モンゴル国の政府の人から，この国の山の樹木はどのくらいの割

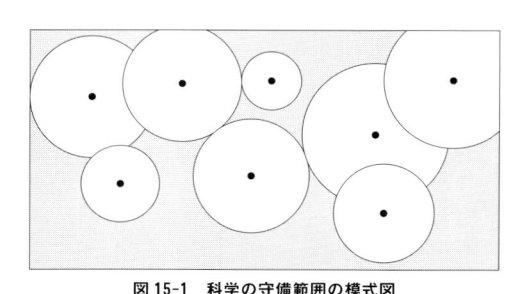

図15-1 科学の守備範囲の模式図
注：円の中心が特定の科学のテーマ．円が理論的体系の範囲（守備範囲）．

合以上を伐ってしまうと下の草原はダメになるかを調査したいという相談を受けたことがある．草原の国のイメージがあるモンゴルだが，そこには日本人が想定するよりも多くの山がある．ところが当時，その山の木を外貨獲得のために近隣国へ密かに輸出し，地元の住民たちも燃料として手当たり次第に伐採していたのである．モンゴル国の伝統的な基幹産業は牧畜であり，そのためには青々とした草原は不可欠である．たしかに山からの継続的な水の補給が草原を潤しているのだろうし，先の問いは切実さを抱えたものだったはずである．しかしながら，どの程度伐れば草原はダメになるかという環境的課題に対する科学的解答は非常にむずかしい．現実には科学そのものの問題があるだけではなくて，費用や時間や研究組織の力量など，科学的調査を遂行するための基礎的条件も大きい．この課題をあきらかにするために調べなければならない科学的要因を思いつくままにならべても，以下のように多くの要因になる．年間の地域別雨量，温度，山の傾斜度，土の質，木や草の種類や分布，雪の解け具合，河川と地下水の水量と流速，放牧の家畜の種類と数，放牧の方法，国の近い将来の経済政策予測等々である．もし調査を行うとしたら，先にいったように円（年間の地域別雨量，経済政策予測など）の再編成が必要なのである．

　その場合の，決定要因の多さとその要因間の関連度の証明のむずかしさは容易に想像できよう．そしてまたその調査に要する時間と費用が途方もないことも想定できよう．したがってそんな調査の実施はモンゴル国では不可能に近いのである．しかしながら，困ったことに，この課題についての環境政策は緊急に必要である．言い換えれば，科学的論拠を十全に示せないにもかかわらず，政策が必要なのである．つまり，現実にはここで示したようなケースが世界の各地で数多く存在し，しかもこのように十全でない科学的論拠で政

樹木の伐採
国は樹木の伐採を禁止しているが,各地で行われている違法伐採.燃料のためや近隣国への密輸品として伐採されつづけている(モンゴル共和国).

策を出さざるを得ないのが実状である.1割の科学的論拠,9割の科学的推論ということも珍しくないのである.

　まとめてみよう.ひとつは図15-1に示されているように,具体的な環境の場においては,円の外の空間という科学では覆いきれない部分ができてしまうということ.もうひとつは科学が覆える課題であったとしても,円内部および円相互の研究要因そのものや要因間の関係の提示は非常にむずかしいのと,時間や費用など科学を支える基礎的条件の問題があって,実際は「科学的推論」に依拠する部分(それは実質的には円の外と考えてもよい)が多くなってしまうということである.つまり,環境問題に対したときの科学は,科学の内容理解そのものの前に,このような限界をもっている事実を私たちは理解しておく必要があるのである.

●───生活知の有効性

　それでは,このような状況に対して,私たちはどう対処すればよいのか.実は科学者が行う科学的推論というのは,推論といえば聞

こえがよいが，経験的直感と言い換えることができるものである．この推論に依存してもよいが，他面，私たちは同じ問題に対してたいへん有効な知識をもっていることを忘れてはならない．それは当該地域で生活していることによる知識である．たとえば，先の例で説明すれば，モンゴルの遊牧民は先ほどあげた要因のかなりの部分の答えをそこで生活している知識としてもっているのである．それを「科学知」にたいして「生活知」とよんでおこう．現実の環境的課題に対しては，この生活知がかなり有効性を発揮するのである．これを意識的に利用すれば，実践上大きな意味をもつ．そして社会学や人類学は伝統的にこの生活知に注目し，住民へのヒヤリングを通じて，科学知と生活知を論理的に結びつける役割を果たしてきた．この経験は，環境社会学的な政策論を形成する場合も例外なく生かせるものだろう．

●————防波堤としての小さなコミュニティ

　すべての政策がそうであるように，環境政策も誰かによって，どの政策を選ぶかの意思決定がなされる．意思の決定ということは原理的には個人でなされるものかもしれないが，環境にかかわる分野においては組織的な意思決定がなされるのが通常である．その意味で，意思決定と組織は不可分である．政府や企業はもちろん組織的なものであるが，6章でふれたように，住民も組織的な意思決定をする．もちろん住民ひとりひとりが自由な考えをもってよいのであるが，ひとりひとりの考えを有効なものとするためには，個人の意思の調整が必要である．そういった，個人の意思が社会的に共有されるひとつのあり方として6章では「言い分」という用語を使って説明をした．

　そこで，地域あるいは地元での組織が問題になってくるのである

が，私はいろいろな現場を歩いてみて，環境保全の最後の防波堤は，結局は「小さなコミュニティ」（small-scale community）であることを痛感した．小さなコミュニティは世界の各地によって，具体的にはさまざまなものを指すし，日本でも，それが自治会であったり，小学校区単位の協議会のようなものであったり，あるいは農村集落であったり，地域によって異なる．いずれにしろ，地域の生活に密着した組織をその地域がもっているか，またもっていても弱体化，形骸化していないかどうかで，環境を保全する力の強弱があることを知った[6]．

外部からの援助者や自治体などの力添えが環境保全に有効な場合が少なくないことは事実である．だが，環境保全の最後の波除けはやはり地元の住民である．そして，その住民がバラバラに生活しているのではなく，小さなコミュニティという防波堤をすでにもっているかどうかが結果を大きく左右する．それゆえ，私たちが環境社会学を実践に結びつけようとするとき，その地元の小さなコミュニティをどう育成・強化するか，ということがひとつの具体的な実践課題となろう[7]．

現代の課題

人間は長い歴史のなかで，さまざまな困難な課題を抱え，その解決に努力してきた．環境問題は現代の新しい大きな課題であり，現代人である私たちひとりひとりがこの課題に立ち向かう義務があると私は思う．だからといって，みんなで環境保全運動をしましょうとか，みんなが環境にやさしい生活実践をしなければならないというような，全員に対する強制的なことを要求しようとしているのではない．する，しない，は各人の自由であり，自分で勝手に決めればよいと私は考えている．ただ，言いたいことは，これが現代のと

ても大きな課題であり，その課題のもとに私たちは生きているのだから，自分たちが生きるということが，とりもなおさず，人間が置かれている現在の環境と深く結びついている事実を理解してほしいということである．その上で，どのように日々の暮らしを営んでいくのが自分としてよい方法なのかを自分で選べばよいと思う．そのような理解と選択をすることだけでも，立派な実践だと私は思っている．この理解と選択はやがて現代人固有の新しいライフスタイルを形成していくだろう．

1) それぞれの学問分野の環境政策はいわば一線上に横並びで存在しているのではない．環境問題を川にたとえれば，大きくは，川の下流の「末端処理型」の環境政策と川の上流の「原因遡及型」の環境政策がある．工学が「末端処理型」の典型であり，社会学は「原因遡及型」に入る．社会学はこの「原因遡及型」のうち，環境を悪化させたり，政策を実行したりする人間の，考え方や行為（運動），組織（地域組織や工場の組織など）を分析し，悪化そのものを事前に止めたり，悪化を阻止できないとしてもその影響を最小にとどめる方法を考えることを課題としている．

　水の汚染を例にとって，理解しやすいために極端な言い方で示しておこう．「末端処理型」は汚れてしまった水をどのようにきれいにするか——処理施設の開発——という手法であり，「原因遡及型」は水をどのようにすれば汚さなくてすむか——ライフスタイルのあり方の鼓舞——という違いである．

2) 近代化を継続しながら環境にやさしい手法を選ぶ考え方を「エコロジー的近代化」とよぶことがある．それは，エネルギー消費量の抑制に努力したり，できるだけ汚染物質を出さない努力をしながら産業活動をすることをめざす．1960年代後半頃からの日本政府の産業政策にはこのような「エコロジー的近代化」の側面もみられ，それにもとづいた産業の構造転換がとりわけ1980年代に行われた（マルティン・イェニッケほか，1998）．

3) ODAと環境との関わりについての研究は大切であるが，環境社会学の分野での研究の蓄積はまだ多くはない．飯島伸子編『講座環境社会学5　アジアと世界』収録の池田寛二（2001），吉沢四郎（2001），平岡義和（2001）および吉沢四郎（1993）などが代表的な論文である．

4) 2000年代に入った現在，世界銀行やIMFがソーシャルキャピタル（社会関係資本）論に注目しはじめている．ここでいうソーシャルキャピタルとは「人間関係の組織や共通の社会規範」のことである．どういうことかというと，いままでこれらの世界規模の開発援助組織が途上国に援助をしつづけてきたが，あまり効果がなかった．その原因をさぐってみて浮かび上がってきた事実があった．主にハード（ダムの建設だとか，道路建設，ゴミ処理場などをさす）に力を入れてきたものの，それを管理・運営する組織がしっかりしていないとそれらが無用の長物になること．またたとえば，ある契約や計画をたてても，その地域社会の組織がしっかりしていないと，信用ができず，さまざまなリスク（たとえば犯罪）を背負うことになること．したがって，その社会の安定した社会規範（信頼や寛容など）や安定した組織があることが，ハード資本と同じように，大切な資本であることに気づき，それをソーシャルキャピタルと呼んだのである．この論調にも，いままで本書で紹介した発展論のひとつの展開した姿を見ることができよう（これについての簡単な読み物として，鳥越皓之（2003）がある）．

5) 社会観があまり明示されていない論考や政策の多くは，現在の社会科学のいわば主流とも考えられる市民社会論の立場にたっているのがふつうである．市民社会論は自立した個人にもっとも高い価値（市民としての権利）をおき，自立した市民相互の判断の下に公共的な社会（公共圏）の拡大を意図する．そのため，国民国家に批判的立場をとる．

6) このように「小さなコミュニティ」(small-scale community)と表現して，具体的な大きさを指示しないのは，世界の各国，日本の各地において，その空間的な広がりや人数が大きく異なるからである．ただ，この小さなコミュニティの特色として，当該の地域の住民が相互に顔見知りかそれに近いという生活上の共有が成立する範域であるということができる．最近では，NGOがこの小さなコミュニティに注目して政策を進めている例が多く見られるようになってきた．たとえば，エチオピアで貧困問題の解決のために小規模金融計画（Microfinance Program）を実施しているふたつのNGOを比較して，小さなコミュニティを基本においた方の政策が成功し，個人の返済能力に基本をおいた政策が失敗したというような報告もある（Belayneh, 2004）．

また，小さなコミュニティは，あくまでも基本的なコミュニティであって，その上の大きさのコミュニティもあり，それには地

方自治体も含まれることもある．テーマによっては上位のコミュニティや自治体そのもの，または国家が政策を実行した方が有効なものもあることは言うまでもない．

7) ただ，この種の防波堤も，ときには破壊されることを，ここ 30 年でみても，なんども経験している．とりわけ，途上国では人権の意識が弱く，環境保護活動や運動をした人たちが殺されたり，ひどい目に遭っている．環境保護運動は被害者に対する差別・人権を擁護する運動となる．そのため，公民権運動などの人権運動の血なまぐさい歴史がそうであったように，そのリーダーやそれに参加した人たちがひどい目にあうということは十分にあり得ることである．1988 年 12 月に起きた，アマゾン熱帯林の大規模伐採に反対していた運動の指導者，シコ・メンデスの暗殺は一部の人たちにはよく知られている．石弘之の推定では，1980 年から 1990 年までの 10 年間でアマゾン地域に限って 800 人を超える人たちが殺されたという（http://www.wiaso.com/helth/earth-env.htm）．視野をラテンアメリカ全体に広げるとその数は膨大になる．このシコ・メンデス（チコ・メンデス）については比較的情報が多く，彼の名前でインターネット検索をするとかなりの情報量が集まる．入手しやすい本としては，『アマゾンの戦争』がある．このような殺害はもちろんわれわれに近いアジアでもおこなわれつづけている．

現在でも，またおそらく近い将来においても，環境保護に関わって世界の各地で多くの人たちが殺されたり，ひどい目に遭いつづけるであろうことは否定できない．環境の破壊の背後には，しばしば人間を人間とみなさない状況が生起している．われわれ社会学の環境政策にはこのような状況にいる人間に対する眼差しが不可欠なのではないだろうか．

【引用文献】

マルティン・イェニッケほか（長尾伸一・長岡延孝監訳），1998，『成功した環境政策』有斐閣．

池田寛二，2001，「環境問題をめぐる南北関係と国家の機能」飯島伸子編『講座環境社会学 5 アジアと世界』有斐閣．

吉沢四郎，1993，「タイにおける ODA の社会学的研究」『中央大学企業研究所年報』14(II) 号．

吉沢四郎，2001，「日本の ODA とアジアの環境問題」飯島編『講座環境社会学 5』有斐閣．

平岡義和，2001，「環境問題拡散の社会的メカニズム」飯島編『講

座環境社会学5』有斐閣.
鳥越皓之, 2003, 「ソーシャルキャピタルという発想」『CEL』66号, 大阪ガスエネルギー文化研究所.
Taye Belayneh, 2004, *Social Capital and Development: A Case Study of Group-Based Microfinance Programs in Eastern Ethiopia*, 筑波大学社会科学研究科博士論文.
シコ・メンデス（神崎牧子訳), 1991, 『アマゾンの戦争』現代企画室.

【参考文献―勉学を深めるために】
家木成夫, 1995, 『環境と公共性』日本経済評論社.
新睦人, 1976, 「生活環境破壊とはなにか――環境社会学への方法論的序説」『社会学評論』106号, 日本社会学会（経験の基本となる生活の知恵を科学的知恵として定式化する必要性を指摘している).
宇井純, 1995, 「環境社会学に期待するもの」『環境社会学研究』1号, 新曜社.
寺田良一, 2003, 「産業社会と環境社会の論理――環境共生に向けた環境運動・NPOとその政策」今田高俊編『講座・社会変動2 産業化と環境共生』ミネルヴァ書房.
柿沢宏昭, 2001, 「総合化と協働の時代における環境政策と社会科学」『環境社会学研究』7号, 有斐閣.
池田寛二, 2001, 「地球温暖化防止政策と環境社会学の課題」『環境社会学研究』7号, 有斐閣.
長谷川公一, 2003, 『環境運動と新しい公共圏』有斐閣.
高田昭彦, 1995, 「環境問題への諸アプローチと社会運動論――環境社会学と社会運動の接点」『社会学評論』180号, 日本社会学会.
鬼頭秀一, 1998, 「環境運動／環境理念研究における『よそ者』論の射程」『環境社会学研究』4号, 新曜社.
原口弥生, 1999, 「環境正義運動における住民参加政策の可能性と限界」『環境社会学研究』5号, 新曜社.
足立重和, 1999, 「地域環境運動の意志決定と住民の総意」『環境社会学研究』5号, 新曜社.
中澤秀雄・成元哲・樋口直人・角一典・水澤弘光, 1998, 「環境運動における抗議サイクル形成の論理」『環境社会学研究』4号, 新曜社.
萩原なつ子, 2001, 「ジェンダーの視点で捉える環境問題――エコフェミニズムの立場から」長谷川公一編『講座環境社会学4 環

境運動と政策のダイナミズム』有斐閣(この書物にはこの論文以外にも環境運動および政策について有益な論文が収録されている).

脇田健一,2001,「地域環境問題をめぐる"状況の定義のズレ"と"社会的コンテクスト"」舩橋晴俊編『講座環境社会学2　加害・被害と解決過程』有斐閣.

細川弘明,1999,「先住民運動と環境保護の切りむすぶところ」鬼頭秀一編『環境の豊かさをもとめて』昭和堂(先住民の立場にたつと環境保護の意味が変わってくることの指摘.オーストラリアの事例である).

大塚善樹,1999,『なぜ遺伝子組換え作物は開発されたか』明石書店.

戸田清,2003,『環境学と平和学』新泉社.

桜井厚・好井裕明編,2003,『差別と環境問題の社会学』新曜社.

藤垣裕子,2004,「科学技術社会論(STS)と環境社会学の接点」『環境社会学研究』10号,有斐閣(科学と現実の環境との間の距離の問題を整理するときに有効).

三上直之,2005,「環境社会学における参加型調査の可能性――三番瀬『評価ワークショップ』の事例から」『環境社会学研究』11号,有斐閣.

立石裕二,2006,「環境問題における科学委託」『社会学評論』56-4,日本社会学会.

竹原裕子,2007,「企業の環境経営におけるISO14001『環境マネジメントシステム』の意義と課題――総合電機A社の一事業部を事例として」『環境社会学研究』13号,有斐閣.

事項索引

ア

IMF 214
悪臭 95
足尾鉱毒事件 129
足尾銅山 94, 127
アジサイ 22
明日香村 158, 160, 169
アソシエーション 12
アマミノクロウサギ 13, 15
暗渠化 6
安全基準 52
言い分 78-81, 211
意思決定 78
イタイイタイ病 129
一村一品運動 195
違法駐車 93, 98
入会 41
　　──漁場 36
　　──権 85
　　──山 36
　　──地 21, 36, 38-39, 105
西表島 27, 30-31
イリオモテヤマネコ 27, 31
美しい国づくり政策大綱 172
美しい風景 21
エコシステム 24-26, 30-31, 39, 88-89
エコツーリズム 30, 198, 201
エコロジー 13, 15, 23, 184
　　──運動 24
　　──的近代化 213
　　──論 47, 61-62, 66-67, 70-71, 205
エコロジカル 23
NGO 10-11, 15, 51, 178-179
NPO 10-11, 15, 145, 177-188, 199, 206-207
　　──の定義 185
ODA(政府開発援助) 187, 204, 213
大型ゴミ 5
小川 5-7, 64, 200
オープンアクセス 58
オープン・スペース 21, 39
オルタナティブ開発論 182, 194, 205
オルタナティブ社会 183, 186
温暖化 9

カ

海岸線 21
加害構造論 64
加害の構造 126, 128
科学知 211
化学肥料 130, 143
攪乱要因 39
河口堰 143
河川改修 204
価値観 7-9
家畜 39
家庭排水 93
過放牧 23

火力発電所　122
カルチュラルスタディーズ　62
川掃除　4
環境アセスメント　174
環境権　87-88
環境社会学　12, 61-63
　――的研究　5, 14
　――の対象　5, 15
　――の目的　1, 7
　――の役割　3
　ラディカル――　14
環境正義　13
環境政策　203
環境づくり　8-9
環境的公正　13-15
　――論　14
環境負荷　65
環境保全運動　212
環境保全型農業　130
環境ボランティア　177, 180, 182-183, 188
　――の定義　179
環境問題の社会学　12
環境問題の歴史的変化　94
観光　31, 44
観光開発型　30
緩衝地帯　27, 30-31
共生地区　27, 30
共生論　29
共的　43-44
　――管理　38
共同占有　85-87
　――権　86, 88, 90-91
共有資源　37
共有地　40
　――の悲劇　58, 104-105
漁民による山に木を植える運動　50
均衡論　35-36, 44

近代化の幻想　121-122
近代化論　63
近代技術主義　66-67, 72
グアテマラ　10
草の根環境運動　13
グリーン・ツーリズム　31
景観　44, 57, 163, 166-171, 174-175
　――アセスメント　172
　――的雰囲気　9
　――の定義　163
景観法　173
下水道　139
健康被害　52
原子力発電所　92, 122, 143, 147, 204
原生林　69
公園　6, 9, 35
公害　2, 94
公共事業　40, 126, 135-138, 142, 194, 204
公共性論　62
工場　6
　――排水　50
合成洗剤　62, 99-100
高速道路　138-139
古社寺保存法　151
湖沼　21
国境なき医師団　206
ゴミ　3-6, 28, 93-94, 107-110, 115, 117-118
　――処理場　4, 214
　――の定義　108
　――問題　5, 10, 62
コミュニティ　4, 10, 12, 14, 25, 95-96, 183, 192, 194, 198-201, 207
　――・アイデア　83

——づくり　84
　　——・ビジネス　195-198, 200
　　小さな——　212
コモンズ　36-38, 41-42, 47, 51
　　——空間　35
コンクリート化　9, 50-51, 73

サ

サケ　35
サステナビリティ　15
殺虫剤　23, 53
里親制度　6
里山　22, 36, 39, 68, 141
砂漠化　9, 188
産業公害　62, 94-96
産業廃棄物　5, 108
サンクチュアリ　20, 26, 30
珊瑚礁　27, 51
　　——の被害　127
酸性雨　9
山林　36
事後フォロー　103
史蹟名勝天然紀念物保存法　151
自然環境主義　66-67, 70, 72, 88
自然環境破壊　40
自然環境保護運動　13, 23
自然景観　21, 166
自然中心主義　35, 43
自然保護運動　25, 31
持続的開発論　15
自治会　3-4, 10-11, 80, 207, 212
湿地　48
　　——帯　9
私的管理　38
私的所有　38
私的利用　41
四万十川　31
市民参加　82

市民事業　195
市民社会論　63
市民地主運動　31
社会運動　1
社会規範　1
社会システム　26, 31, 117
社会制度　1
社会組織　9
社会的価値観　1
社会的弱者　14
社会的ジレンマ　65, 93, 102
　　——の定義　93, 100
　　——論　61-62, 94, 96, 99
社区　10
市役所　6
囚人のジレンマ　96-97, 100, 103
住民の主体性　80-82
集落　10, 36
受益圏・受苦圏　124-125, 133
　　——論　61, 64-65
宿場町　8-9
純粋な自然　21, 39
小学校区　4, 10, 207, 212
除草剤　53
白神山地　27, 30-31, 70
知床半島　70
新幹線公害　62, 125
振動　140-141
心理的距離　6
森林　29
　　——の生態系　70
　　——破壊　67
水質汚染　62, 124, 126, 199
スケール・メリット　121
スーパー林道　127-128, 138, 187
住み分け　29
スモン裁判　64
スリーマイル原発事故　143-144, 146

生活環境主義 61-62, 65-67, 70-72, 77-78, 86, 88, 90, 92, 205
生活権 28
生活公害 95
生活構造 63
——論 62
生活システム 88-89
生活知 211
生活排水 50
——汚染 127
請願 95-96
青酸カリ漁法 51
青秋林道 28-29
生態学 23-25, 39, 62, 71
生態系 16, 23-24, 194
正当化の論理 79
世界遺産 28, 161
世界銀行 214
石油化学コンビナート 122-125
騒音 64, 95, 98, 126, 140-141
草原 23
ソーシャルキャピタル（社会関係資本） 214

タ

タイ 41
大気汚染 124-126, 140, 199
代替エネルギー 145
ダイナマイト漁法 51, 58
宅地 35
竹富島 159-160
多自然工法 73, 174
棚田 57, 169-170
田畑 35-36, 47-48, 57
ダム 21, 137, 143, 180, 204, 214
チェルノブイリ原発事故 143-144, 146
地球の友 187, 206
地球の未来を守るために 70
地球緑化センター 188
治山治水 68
中学校区 4
朝鮮総督府 155-156, 171
町内 10
陳情 95-96
沈黙の春 23-24, 52
妻籠 152-153, 161
鶴ヶ丘八幡宮 152
庭園 21
ディープ・エコロジー 13
デナリ国立公園 26
田園地帯 21
天神崎 31
天然林 70
動物の生存権 16
道路 6, 35
——建設 214
——公害 141
特定非営利活動促進法（NPO法） 178
トレー 7

ナ

内発的発展論 191-195, 198, 205
ナショナル・トラスト 20-21, 30-31, 36, 38, 42, 57, 85
ナショナルパーク 20, 23, 26
新潟県巻町 92
日照 98
——権 95
日本三景 168
人間中心主義 35, 44
沼地 24
熱帯林の伐採 127
熱帯林破壊 65, 71
NEP (New Ecological Paradigm) 13

農業の近代化 48-49, 55
農業の公益的機能 57
農業の工業化 49, 52-53
農薬 52-55, 130
野原 24

ハ

バイオマス 145
廃棄物 108
　──処理場 65
ハイキング道 22
バード・サンクチュアリ 20
バランガイ 10
半栽培 43
非営利セクター 180
被害―加害構造論 64
被害構造 128, 130
　──論 61, 63-64, 73
被害の構造 128
干潟 50
ヒース 42
フィールド・ワーク 66
婦人会 207
ブナ林 29
文化景観 166
文化財 8-9
HEP (Human Exemptionalism Paradigm) 13
牧人のジレンマ 96-98, 103
保護区 20-22, 27, 30
保護森林 23
ボランタリー組織 11
ボランティア 178, 181, 200, 205-206

マ

マタギ 28
まちづくり 10, 20-22, 30, 161, 174, 181, 184
町並み 8, 151, 159
マングローブ 41
　──地帯 27
水辺 20, 50-51
溝掃除 4
水俣病 14, 62-63, 94, 126, 129-132, 199
名所 168-170
迷惑公害 95-96, 98
もうひとつの開発論 182
物見遊山 169
森 24
森は海の恋人 50

ヤ

焼畑 40-41
　──地 43
　──農地 38
屋敷地 3, 5, 35, 164
山の神 28
有機農業 199
　──運動 53-55
用意されている選択肢 117
用水池 9
ヨセミテ公園 21
四日市ぜん息 94, 126, 199

ラ

ライフスタイル 115-117, 191-192, 213
乱開発 152, 170
ランド・トラスト 30
リサイクル 7, 110-115
　──運動 110-111, 115
リゾート 30
　──開発 200
利用権 85-86, 88, 90

歴史的環境保全　8, 151-161
歴史的建造物　151
歴史的事実　156, 159
歴史的定点　156-158

ワ

ワーカーズ・コレクティブ　195

人名索引

ア

青井和夫　74
青木辰司　58
青木聡子　150
赤神良譲　15
赤嶺　淳　58
秋道智彌　44
朝井志歩　189
足立重和　149，161-162，216
新　睦人　216
阿部晃士　106，119
安部竜一郎　45
荒川　康　202
安藤精一　118
飯島伸子　16-17，64，74，119，128-129，213
家木成夫　216
五十嵐敬喜　149
池田寛二　17，213，216
石　弘之　32，215
石垣尚志　119
石川英輔　111
石渡　秋　188
五十川飛暁　45，162
磯辺俊彦　45
一楽照雄　58
伊藤嘉昭　32
井戸　聡　92
稲垣栄三　161
稲村哲也　33

井上孝夫　32，149
井上　真　44-45
猪瀬浩平　59
宇井　純　216
植田今日子　149
鵜飼照喜　119
卯田宗平　33
宇根　豊　58
宇野重昭　201
海野道郎　16，74，103，106，119
梅棹忠夫　32
江頭邦道　161
江南健志　92
大塚善樹　59，217
大野　晃　31-33
大山信義　106
小川明雄　149
荻野昌弘　162
小椋純一　175
小野奈々　189
帯谷博明　58，133，149

カ

柿沢宏昭　201，216
梶田孝道　65
カーソン，R.　23
片桐新自　162
嘉田由紀子　16，45，59，66，74，92
角　一典　149，216
金沢謙太郎　17
金菱　清　201

ガボール，D. 181
川田美紀 45
川那部浩哉 32
菊地直樹 201
鬼頭秀一 17, 31, 45, 216
木原啓吉 161
キャットン，W. 13
吉良竜夫 32
倉沢 進 73
栗本京子 176
栗本修滋 59
グールド，K. A. 17
黒田 暁 150
髙坂健次 31
古村 学 202

サ

才津祐美子 162
斎藤和彦 58
作田啓一 82-83
桜井 厚 66, 217
佐藤慶幸 189
サラモン，L. 180, 184
篠本幹子 120
シュネイバーク，A. 17
白幡洋三郎 175
菅 豊 17
杉本久未子 120
鈴木 広 16
盛山和夫 103
関 礼子 32, 58, 133
瀬戸昌之 31
副田義也 74
園部雅久 202
成 元哲 216

タ

高田昭彦 17, 216

田窪裕子 146
竹原祐子 217
立木茂雄 189
田中 滋 149
田中 求 33
谷口吉光 16, 112, 119-120
立石裕二 217
ダンラップ，R. 13
千葉徳爾 74
土屋俊幸 30, 32
土屋雄一郎 119
鶴見和子 172, 192, 195, 201
鼟理恵子 119
デュルケーム，E. 2, 15
寺口瑞生 197
寺田良一 17, 149, 216
堂本暁子 15
戸田 清 17, 217
土場 学 106
鳥越皓之 16, 30, 45, 74-75, 91,
  149, 161, 174, 176, 189, 202, 214

ナ

永井良和 176
中澤秀雄 150, 216
中田 実 85
中野康人 106, 119
中村尚司 58
西川 潤 193-194
西城戸誠 150
西崎伸子 33
野崎賢也 31
野田浩資 162, 176

ハ

バウンドストーン，W. 103, 106
萩原なつ子 216
長谷川公一 92, 119, 133, 148, 189,

216
長谷川成一　175
ハーディン，G.　103-105
浜本篤史　149，201
林　迪廣　161
原口弥生　16，216
樋口直人　216
費　孝通　195
平岡義和　75，213
平川全機　149，202
平松　紘　91
福井勝義　44
福田アジオ　36，44
福田珠己　159
福永真弓　45
藤井敦史　202
藤垣裕子　217
藤川　賢　119，133
藤村美穂　16
舩橋晴俊　16，65，74，106，118-119，133，149
フリードマン，J.　182-183
古川　彰　31，33，59，66，92，176，202
ヘッケル，E.　23
Belayneh, T.　214
細川弘明　17，217
堀田恭子　119，133
堀川三郎　162，176

マ

牧野厚史　162
牧野和春　32
桝潟俊子　58
松井　健　17
松井理恵　189
松浦俊輔　106
マッキーヴァー，R.　12
松田智雄　116
松田素二　17，31，59，66，92
松原治郎　74
松村和則　58，133
マーフィ，G.　32
丸山康司　32-33，150
丸山定己　132-133
丸山真人　58
三浦耕吉郎　17
三上直之　217
水澤弘光　149，216
満田久義　16-17
宮内泰介　17，44-45，201
宮本憲一　115，194
村瀬洋一　106，119
メンデス，C.　215-216
守友裕一　201
森久　聡　162

ヤ

家中　茂　45
柳田国男　30
山岸俊男　103
山越　言　33
山室敦嗣　92
山本早苗　45
湯浅陽一　119，133，149
好井裕明　217
吉兼秀夫　162
吉沢四郎　213
四元忠博　32
米田頼司　175
寄本勝美　109，119

ラ

リー，K.　21

ワ

若林敬子　16

脇田健一　217
渡辺伸一　32
渡邊洋之　33

著者略歴

1944 年　生まれ
　　　　　筑波大学大学院人文社会科学研究科教授を経て
現　在　早稲田大学人間科学学術院教授
関心分野　社会学と民俗学を専門として，環境に関わる分野やコミュニティ政策についての研究が多い．景観論や水利用論などが最近のテーマである．

主要著書

『沖縄ハワイ移民一世の記録』（1988 年，中公新書）
『家と村の社会学［増補版］』（1993 年，世界思想社）
『試みとしての環境民俗学』（編著，1994 年，雄山閣出版）
『地域自治会の研究』（1994 年，ミネルヴァ書房）
『環境とライフスタイル』（編著，1996 年，有斐閣）
『環境社会学の理論と実践』（1997 年，有斐閣）
『景観の創造――民俗学からのアプローチ』（編著，1999 年，昭和堂）
『環境ボランティア・NPO の社会学』（編著，2000 年，新曜社）
『柳田民俗学のフィロソフィー』（2002 年，東京大学出版会）
『花をたずねて吉野山』（2003 年，集英社新書）
『「サザエさん」的コミュニティの法則』（2008 年，NHK 新書）

環境社会学　生活者の立場から考える

　　　　　　2004 年 10 月 26 日　初　版
　　　　　　2013 年 10 月 18 日　6　刷

［検印廃止］

著　者　鳥越皓之（とりごえひろゆき）

発行所　一般財団法人　東京大学出版会

代表者　渡辺　浩

153-0041　東京都目黒区駒場 4-5-29
電話 03-6407-1069・FAX 03-6407-1991
振替 00160-6-59964

印刷所　新日本印刷株式会社
製本所　牧製本印刷株式会社

Ⓒ 2004 Hiroyuki Torigoe
ISBN 978-4-13-052022-5　Printed in Japan

JCOPY 〈(社)出版者著作権管理機構　委託出版物〉
本書の無断複写は著作権法上での例外を除き禁じられています．複写される場合は，そのつど事前に，(社)出版者著作権管理機構（電話 03-3513-6969，FAX 03-3513-6979，e-mail : info@jcopy.or.jp）の許諾を得てください．

鳥越皓之	柳田民俗学のフィロソフィー	四六・2800円
奥井智之	社会学	四六・1900円
奥井智之	社会学の歴史	四六・2000円
舩橋晴俊 飯島伸子 編	環境 講座社会学12	A5・2800円
石弘之編	環境学の技法	A5・3200円
武内和彦	環境時代の構想	四六・2300円
武内和彦	環境創造の思想	A5・2400円
武内和彦 鷲谷いづみ 編 恒川篤史	里山の環境学	A5・2800円

ここに表示された価格はすべて本体価格です．御購入の際には消費税が加算されますので御了承下さい．